季節を知らせる花

白井明大・文
沙羅・絵

はじめに

昔、日本の季節というのは
種を蒔く春と、収穫する秋しかなかったそうです。

暖かくなってきたから地に苗を植え、
ぶじにゆたかに実ってくれたから恵みをいただく、
素朴な一年のくり返し。

たとえば早春、あの山に積もった雪が解けて
雪模様が馬のかたちに見えてきたら田を耕すとか、
あるいは初秋、稲妻が走ったら稲が実りはじめるとか、

その土地その土地によって時期も言いならわしもさまざまに
自然や生命の兆しによりそいながら気候の変化に気づき、
日々の営みのタイミングを知る天然の暦を、自然暦というそうです。
それは古くから暮らしに根ざしてきた知恵そのもの。

春告草とも呼ばれる梅や、田打ち桜という別名を持つこぶしなど、
折々の季節を知らせる花というのは、
長い歳月、人が関係を育んできた花なのだと思います。

いまが何月何日の何曜日なのか、
カレンダーや手帳を見て確かめるのも
日頃の生活に必要なことですが、

いつもの道ばたに咲きだした花に
昨日までとは違う光や風のけはいを感じたり、
野山を散策して初めて出会う花の名前を覚えてみたり、

一輪の花に心惹かれるままに詠まれてきた
詩や歌などを時に味わってみたり、

そんなふうにごくしぜんに
花を感じ、花を楽しみ、花と親しみながら
移ろう季節とともに日々を過ごせたら
なんて素敵なことでしょう。

季節を知らせる花
もくじ

詩歌のこと

花について書こうとするとき、おのずと詩についてもふれたくなります。というのも、海や山、野や川などの自然とともに暮らし、花も含めてさまざまな命と出会い、めぐる季節を感じるところから生まれてくる詩がいくつもいくつもあるからです。そうした詩のみなもとにあるのは、歌心とも呼べるもの。『万葉集』や『古今和歌集』などの古典文学もそうですが、現代の詩歌もまた、いまの詩心、いまの歌心が感じるままに、花々を生き生きと映し出しています。

暦のこと

昔は二十四節気《にじゅうしせっき》や七十二候《しちじゅうにこう》といって、一年を二十四の季節に、七十二の季節に分けた暦を暮らしのなかで使っていました。その二十四節気や七十二候は、種蒔きや田植え、収穫などの頃合いを知らせる農事暦でもありました。冬至、春分、夏至、秋分といった昼夜の長さの変化によりそう、太陽の運行に基づいた暦です。七十二候は不思議な暦で、たとえば「桃始めて笑う」、「楓蔦黄《もみじつたき》なり」というように、折々の自然のようすを表わすフレーズがそのまま季節の名前になっています。

雪どけの水

朝の光

だんだん緑が萌え出づる

名残り雪降る

若芽のふくらみ

虫が顔を出す

川魚のはねる音

やわらぐ蕾

ほら　そこここにほころぶ花たち

鳥の訪れ

草がそよぐ

春隣《はるどな》りのふきのとう

まっしろい雪のなかから、ふきのとうがあおあおとした緑をのぞかせると、もう冬の終わり、春隣りです。

いまも忘れられないのは、春先の会津を訪れたときのこと。雪が残る地面から、ころんとしたふきのとうをいくつも見かけました。そこは何百年も続く焼き物の里で、ちょうど登り窯を見せてもらいに山のほうへのぼっていく道すがらでした。

その晩は陶芸家ご夫婦のお宅で、とれたてを天ぷらにしていただきました。山からさらさらと葉ずれの音が聞こえてきて、昼の野の緑を、夜味わえるよろこびを感じました。

ふきのとうは、蕗《ふき》の蕾《つぼみ》です。花がひらく前に早めに摘みとって、天ぷ

【ふきのとう】
たくさんの蕾をつけて伸びる花茎を塔に見立てたのが名前の由来だそう。花には雌雄があり、雄花は白黄色、雌花は白色。映画「となりのトトロ」で、バスを待つトトロは頭の上に蕗の葉を載せていました。

【春隣り】
もう春がすぐ隣りに来ていること。晩冬の季語。

らや蕗味噌にしたり、刻んで味噌汁に入れたり。ほろ苦い味は、早春の味。苦味が、冬の縮こまった体をやわらげてくれるようです。

旬が春先なので、ちょうど熊が冬眠から目覚め、牡鹿の角が生え変わるころ。「バッケ花（ふきのとう）が咲くと熊が出る」「ふきのとうを牡鹿が食うと角が落ちる」といった自然暦の言いならわしが土地土地にあります。また七十二候でも、冬の最後、大寒の初候に「款冬華《ふきのとうはな》さく」という季節が訪れます。

土中にひろがる地下茎から、地上へ伸びて顔を出す蕾は、二、三月ごろに白い頭状花《とうじょうか》を咲かせます。花のうしろには細長い葉柄《ようへい》が伸びて葉をひろげますが、とくに秋田蕗《あきたふき》という蕗は、高さ二メートル、葉の直径が一メートルほどに育ち、まるで傘のような大きな葉を茂らせます。

蕗の名前の由来には諸説あり、昔は用を足したとき紙のかわりに蕗の葉でお尻を拭いたから「拭き」だとも、屋根を葺く材料に使われたので「葺き」だともいわれますが、ことに古名を「ふぶき」といったのが縮まって「ふき」になったという説に引きつけられます。茎に孔が空いていて、折ると糸が出る植物をふぶきといい、たとえば鬼蓮《おにばす》をみずふぶき、ごぼ

【大寒】
二十四節気の最後の季節。一年で最も寒い時期。大寒の水は腐らないといわれ、味噌や醤油、酒づくりなどに使われます。

【款冬華さく】
七十二候で、ふきのとうが顔をのぞかせるころという意味の季節。一月下旬ごろ。

【頭状花】
たくさんの小さな花がまとまって、あたかも一輪のように咲く花。

【葉柄】
葉と茎のつなぎめ。

うをうまぶきと呼んだそうですが、蕗の茎にもちゃんと孔が空いています。そんな蕗は「富貴《ふうき》」との語呂合わせで縁起がいいとされ、正月飾りにも用いられます。

アイヌの伝説に登場する小人コロポックルは、アイヌ語で、蕗の葉の下の人という意味だそう。

村で食べ物に困っている人がいると、コロポックルが真夜中にそっとやって来て、魚や鹿の肉を家の戸口に差し入れてくれます。けれどけっして姿は見せませんでした。いったいどんな相手だろうと気になって、一目見ようと、ある村人が、差し入れにきたコロポックルの娘を捕まえてしまいました。それを知った小人の一族は、とても怒ってその地を去っていったといいます、「水は涸れろ、魚は腐れ」と言い残して。

先祖代々の里に春を告げるふきのとうは、心やさしく、傷つきやすいコロポックルのようです。その恵みをいただいてきた北国の人にとって、土地も、山も、ふきのとうも、けがしてはならない、どんなにかけがえのない存在でしょう。

【コロポックル】
アイヌの伝説に登場する小人族。コロは「蕗の葉」、ポックは「〜の下」、クルは「人」という意味。

余寒《よかん》の梅《うめ》

角を曲がり、ふいに現われた白梅の、庭先から通りへ差しのべられた枝先に咲く花の姿に、吸い込まれるように見入ったことがあります。まだ蕾がちでしたが、数輪ほころんだ小花の姿につい立ち止まってしまいました。

梅の花の思い出というと、水戸の梅園をゆるゆると歩きながら、見事な咲きぶりを浴びるように眺めたり、寒さが厳しくなかなかひらかない蕾とともに過ごしていて、ある日、紅梅が一輪ふわっと咲いているのに気づいたり。

木々が枝先に固く蕾を閉じて春を待ち、若芽のうちに息吹を秘める早春、いち早くしとやかな花を咲かせる梅は、ほかの花に先立って開花す

【梅】
梅に鶯《うぐいす》というように、一月～二月に咲く早春の花。花の色は白、紅とあり、八重咲きも。バラ科サクラ属。白梅、紅梅の順に花ひらきます。実が黄色く熟すのは六月ごろ。中国名の「メイ（mei）」から「むめ」（梅の古名）や「うめ」と呼ばれるようになったとか。

る花の兄とも、春を知らせる春告草《はるつげぐさ》とも呼ばれます。

きりっと引き締まる冬ざれの寒さに風景からほとんど色が消えてしまうさなか、凛と白く浮かび上がる梅の花には生き生きとした命が宿っています。

そんな梅は『万葉集』の時代から数々の歌に詠まれてきました。とくに雪のなかに咲くさまは、好んで題材とされています。

残りたる雪に交れる梅の花早くな散りそ雪は消《け》ぬとも

大伴旅人

残っている雪に交じって咲く梅の花よ、まだ散らないで。雪は解けて消えてしまっても、と雪中梅の情景を詠みながら、花だけでなく雪のことも愛しむような歌いように惹かれます。

立春を迎えた春のはじまりには、七十二候に「黄鶯睍睆《うぐいすなく》く」という季節があります。それはかつて「梅花乃芳《うめのはなかんば》し」といって、梅が咲き香る季節と呼ばれていました。

万葉集 巻五・八四九

【大伴旅人】
（おおとも の たびと）
六六五年〜七三一年。奈良時代初期の貴族、歌人。

【黄鶯睍睆く】
鶯が春を告げて鳴くころという意味の季節。立春の次候。二月半ば。

二月の厳しい寒さにもかかわらず、立春を過ぎたら余寒とされます。もう春だから、この寒さは冬の忘れ形見、といった意味。まだまだマフラーを巻いたりセーターやコートを着込んだりする時期ですが、春のさきがけを迎えたいという気持ちが、余寒という一語に込められます。

難波津《なにはづ》に咲くやこの花冬ごもり今は春べと咲くやこの花

王仁

難波津に咲きますよ、この花が。冬ごもりして、いま春になったと咲きますよ、この花が、と春告草である梅が咲いたことをこんなにも率直な心で詠まれると、こちらまで心がほころんできます。

これは『古今和歌集』の仮名序に収められた梅の歌。『古今和歌集』は『万葉集』よりあとにできあがった勅撰歌集《ちょくせんかしゅう》ですが、この歌はずいぶん古い時代の作といわれています。

そもそも古代中国にならって、日本の宮廷貴族たちが梅見を楽しむようになったのは、奈良時代のころからだそうです。

【梅花乃芳し】江戸時代の七十二候（貞《じょう》享暦《きょうれき》）では、立春の次候を「梅花乃芳し」としていました。

【王仁】（わに）生没年不詳。百済《くだら》から日本に渡来し、『論語』などを伝えたとされます。

【この花】王仁の歌の「この花」とは、梅の別名である「木の花」とも読めます。

【仮名序】『古今和歌集』の序文、仮名序は紀貫之《きのつらゆき》によって書かれ、歌の本質について語られます。

たとえば平安の都の、梅にまつわるこんな逸話があります。

菅原道真が大宰府《だざいふ》に左遷されたとき、道真が愛した庭の木のうち、桜は悲しんで枯れてしまい、松は道真を追いかけたものの、途中で力尽き神戸の地までしか辿り着けませんでした。ですが梅だけは、たった一夜で大宰府まで飛んできたそうです。

寒さに耐えながら花を咲かせる、たくましい梅の木ならではの離れわざのような物語ですが、飛梅《とびうめ》伝説としていまに語り継がれています。

奈良時代以降、観賞の花として愛でられてきた梅は、それよりはるか昔から人の暮らしに役立ってきました。

弥生時代の遺跡から梅の核《さね》（種）や自然木のかけらが発掘され、そのころに日本に伝わり、梅の栽培が始まったと見られています。

もともと日本には自生しておらず、中国の長江流域が原産地のようで、弥生時代以来の長い長い歳月のなかで、梅は日本の暮らしや文化に深く根づいてきました。

そして時代が下るにつれ、梅の実を薬や保存食とする知恵が渡ってき

【菅原道真】（すがわら の みちざね）八四五年〜九〇三年。平安時代の貴族、学者、漢詩人、政治家。

ます。遣唐使によって日本にもたらされたのは、まだ熟していない梅の実を燻製にした烏梅《うめい》という漢方の生薬でした。また古代中国には梅の実を漬けた白梅があり、その白梅を紫蘇で赤く色づけしたものが、日本の梅干しのはじまりだといいます。

古くから食用や薬用として人々の生活によりそってきた梅は、その酸っぱさのおかげで、塩と並んで最も古くから調味料として用いられてきました。いまでも調理の味加減を塩梅《あんばい》というのは、そのころの名残りだそうです。

梅の実の話を、もう少し。

七十二候には立春だけでなく、六月半ばの梅雨入りごろに「梅子黄《うめのみき》なり」という、梅の実の季節もあります。その七十二候が田仕事の目安となる農事暦でもあることを考えると、いかに梅の実の収穫が大切であり、生活に欠かせないものだったかがわかります。六月の長雨を梅雨と書くのも、梅の実が熟す時期に降る雨を歓迎する名前のように感じられます。

【梅子黄なり】
梅の実が黄ばんで熟すころという意味。芒種《ぼうしゅ》の末候(芒種は二十四節気で、稲や麦の種を蒔くころ)。六月半ば。梅雨に入り、しとしとと恵みの雨が降ります。

●喜雨
梅雨の別名を、喜雨といいます。また喜雨には、日照り続きのあとの雨という意味も。

雨《あま》つつみ日を経てあみ戸あけ見れば摽《お》ちて梅ありその実三《み》つ四《よ》つ

橘曙覧

雨が降り続く日々を家にこもっていましたが、久しぶりにあみ戸をあけて見れば、庭には梅の実が三つ四つ落ちています、とそんなのどかな歌ですが、点々と庭に転がっている梅の実のかわいらしい姿が目に浮かびます。

数年前のことですが、岡山のある家で、庭の梅の木から熟れて落ちてきた実をいただいたことがあります。やわらかい果肉が口のなかでとろりと溶けて、桃のような甘みがひろがりました。

梅の名前の由来に、熟《う》む実が転じて「うめ」になった、とする説がありますが、それも頷ける味わいです。

とはいえ、おいしい梅の実も核を食べると腹痛や中毒のもと。

「梅は食うとも核食うな、なかに天神寝てござる」

といって、青梅や生梅に気をつけて、核のなかには天神さまが寝てるから食べたらだめだよ、ということわざがあります。

【橘曙覧】
（たちばな のあけみ）
一八一二年～一八六八年。江戸時代後期の歌人。福井に生まれ、清貧に甘んじた暮らしのなかで、のちに正岡子規らから絶賛される歌を数多く残しました。ことに日々の楽しみを詠った「独楽吟《どくらくぎん》」でいまに知られます。

腹痛の原因は核に含まれたアミグダリンという成分ですが、梅が完熟したり、梅干しや梅酒、梅漬けにしたりすると分解されてなくなります。だから熟れた梅の実は、食べても大丈夫。

花が咲いては春を知らせ、梅雨を迎えては実をつける梅は「梅田椎麦《うめたしいむぎ》」といって、梅の実が多い年は稲が豊作になる、という収穫を占う自然暦にもなってきました（ちなみに椎《しい》の実が多いと、翌年の麦が豊作に）。

冬至を過ぎて次の春へと近づいていく間、一日に畳一目ずつ日が伸びるといいますが、一輪ほころんだらその一輪ぶん、暖かい春の足音が聞こえてくるよう、と早春の花のさまをとらえた句があります。

春を待ちわびる心が、梅一輪に宿るかのように。その宿る心に照り返されて、身が暖められていくかのように。

梅一輪一りんほどのあたたかさ　　服部嵐雪

【服部嵐雪】（はっとりらんせつ）
一六五四年～一七〇七年。江戸時代前期の俳人。松尾芭蕉の弟子で、蕉門十哲《しょうもんじってつ》と呼ばれる十人の高弟の一人。宝井其角《たからいきかく》と並び、芭蕉から最も高く評価されています。

春宵《しゅんしょう》の沈丁花《じんちょうげ》

沈丁花の甘い匂いが漂いはじめると、春のけはいをあたりいちめんに感じます。お香に用いられる香木の沈香《じんこう》や、芳香を放つフトモモ科の丁《ちょう》子《じ》と香りが似ていることから、沈丁花という名前がついたそうです。遠く千里先までも、芳しい匂いを感じられるからと、千里花《せんりばな》とも呼ばれます。

あおあおとした幅広い楕円の葉の中央に、十から十五ほど、淡い紅や白い小さな花が群れなして咲きます。一見花びらのように見えるのは萼《がく》で、花弁ではありません。

ああ、沈丁花の匂いがするなあ、もう春だなあ、という気分はさまざまな詩や歌に詠われてきました。

【沈丁花】
樹高一メートルほどの常緑の木。ジンチョウゲ科。中国原生で、縁起のいい花として古来愛され、日本には室町時代に渡ってきます。

【沈香】
正しくは沈水香木《じんすいこうぼく》といい、香木のひとつ。熱すると芳香を放ちます。特に良質のものは伽羅《きゃら》といって大変貴重です。

向ふを行くのは　お春じゃなゐか
薄情な眼つきで　知らぬ顔
沈丁花を匂はせて
おや、まあ
ひとあめくるね
（はっぴいえんど「春らんまん」〈作詞 松本隆〉より）

のんびりとたゆたうメロディに乗せて、訪れそうでなかなかやって来てくれない、のどかな季節を待ちわびる気持ちを、大瀧詠一がのびやかにせつなく歌っています。そのゆうらり、ゆうらりとした曲も歌いぶりも、あたかも春を運んでくる香りそのもののよう。

春　金子光晴

小さな手が、春をつかむ。つかんだ春をすぐ口にもっていって、なめる。

【丁子】
フトモモ科のチョウジノキの、花ひらく前の蕾を乾燥させた香辛料。クローブ、丁香とも。

【はっぴいえんど】
一九六九年に結成し、一九七二年に事実上解散した日本の伝説的ロックバンド。メンバーは大瀧詠一、細野晴臣、松本隆、鈴木茂。オリジナルアルバムに『はっぴいえんど』『風街ろまん』『HAPPY END』。

春は、どんな味がする？　若葉よ。
ママに抱かれてはいる大好きなお湯《ぶう》のように、
春はとろとろとあたたかくて、それに沈丁《ちんちょう》の花の匂いがたかい。
下の歯ぐきからのぞいた二枚の白い歯が、若葉のはじめての春に
そっとさわってみる。そっと。
それからまた、小さな手は、石鹸《しゃぼん》のように浮いてる雲を、
光を、海を、大きな未来を、しっかりとつかむ。おもちゃの金魚
といっしょに、

若葉がはなしたら、ばらばらになるかもしれない
家じゅうのみんなのこころの糸を。

金子光晴といえば、戦前戦後をまたぐ反骨精神の塊のような詩人です

【金子光晴】

（かねこ みつはる）

一八九五年～一九七五年。

詩人。反骨の詩人として知られ、戦時中も反戦の立場からひそかに反戦詩を書き続けました。詩集に『こがね蟲』『鮫』『若葉のうた』など多数。

が、この詩では、あれ？　と思うほどの好々爺となって、幼い孫の成長するさまを春の日に温かく見守っています。

とてもやさしい言葉で書かれた詩ですが、最後は少しドキッとします。子はかすがいというとおり、新たな命は家じゅうによろこびをもたらし、人の輪を結びますが、その光の裏まで見通してしまう詩人の怜悧なまなざしは、一服の毒であり、この詩をぴりっと成り立たせる背骨です。

そして匂いというものは、ものの姿が隠れる夜にいっそう印象深くなるようです。匂いだけを感じつつ、闇のなかに咲く花の存在を強く意識させられ、ついついその奥へと思いを馳せてしまいます。


若き日の夢はうかびく沈丁花やみのさ庭に香のただよへば

佐佐木信綱

夜の闇に静まる庭に沈丁花の香りが漂うさなか、若き日の夢が浮かんでくるとはどんな内面の情景でしょう。

古い感情や記憶を呼び覚ますものは匂いと限りませんが、この歌の沈

【佐佐木信綱】

（ささき のぶつな）

一八七二年～一九六三年。

歌人、国文学者。歌集に『思草』『常盤木』『山と水と』など。また万葉集研究の大著に『校本万葉集』。

丁花の香りは格別のようです。それでいて浮かんでは消えていく、つかのまの夢をそのまま引き受ける姿がうかがえます。心にどんな葛藤が湧いたにせよ、過去といまとの対峙は静かに起こり、静かに去ったのではないでしょうか。

沈丁の瓶を障子の外に置き春浅きねむり邃《ふか》くあらしめよ

葛原妙子

寝室に置いておくと、香りが気になって春の浅い眠りに留まってしまいます。沈丁花を挿した花瓶を障子の外に置いて、春の浅い眠りを深くせよ、というこの歌は、いったいなにを詠んでいるのでしょう。

当たり前のようですが、匂いにはかたちがなく、とめどがありません。暗がりのなかでは、本当に香っているのか気のせいなのか、それさえ定かでなくなる時があります。どこか不穏でありながら、完全に遠ざけるのではなく、障子の薄紙ほどの距離を隔てて、まだそばに感じていたい、といった心の関係がそこに映っているかのようです。

【葛原妙子】
（くずはら たえこ）
一九〇七年～一九八五年。歌人。前衛的な作風で戦後の歌壇に大きな影響を与えます。歌集に『橙黄』『葡萄木立』『朱霊』など。

ゆらぐからこそ生まれる感情があるとすれば、二月から三月へかけて、陽気が満ちては肌寒さが戻る不安定なこの時期は、かすかな変化にも敏感に心がゆらいでは、思いが生じるころなのかもしれません。

うららかな春の風物であり、人の心の光も影も呼び覚ます香りでもあり、沈丁花はつくづく不思議な花だと思います。

そんな情緒をゆさぶる花ですが、また一方では人の暮らしに身近な存在でもあります。

この花にまつわる自然暦のひとつに「沈丁花が咲いたら味噌を仕込む」という言いならわしが、福島のいわきのあたりにあるそうです。味噌仕込みというと、一月後半の大寒のころがいいとも聞きますが、沈丁花の花が咲くのは二月下旬から三月ごろなので、一か月ほどずれています。春が遅い北国ならではの目安なのかもしれません。味噌づくりの頃合いを、咲く花の匂いで知るなんて、不思議で素敵なこと。気温や寒暖差を繊細に感じとる植物の開花が知らせるタイミングだからこそ、おいしい味噌ができそうです。

●中国の故事
昔、中国の山林でうとうと眠っていた僧侶が、なんだかとてもいい香りを夢のなかで嗅いだそう。目覚めてあたりを見まわすと、いちめんに沈丁花が咲いていました。僧侶は、その花を睡香と名づけ、それがのちに瑞香と呼ばれ、人々に愛される花になったといいます。

●実はあるの？ないの？
沈丁花は雌雄異株、雄の木と雌の木があって、雄の木には実がなりません。大陸から日本にもたらされたのが雄の木ばかりだったせいか、いまでも日本で見られるものは、ほとんど実をつけないよう。とはいえ雌の木も少ないながらあり、そちらはちゃんと実を結びます。

花の匂いに乗ってやってくるこのときを、毎年毎年迎えながら、やっぱり今年もまたきっと沈丁花の香りを感じながら、ああ春だなと、思うに違いありません。

するとにおっています
塀の
かげの薮の
なかで薮と
おんなじ色の葉っぱのなかで
　　　　くすんで。
わたしは沈丁花が
(薮のなかでも外でも)
つよくにおって
咲いているのをみつける
この数秒がとても好きです。

(辻征夫「わたしは沈丁花が」より)

【辻征夫】
(つじ ゆきお)
一九三九年～二〇〇〇年。詩人。やわらかく平易な言葉づかいでユーモラスに、人生の滋味を教えてくれる抒情詩の書き手。詩集に『学校の思い出』『落日』『かぜのひきかた』など。

葉守《はも》りの馬酔木《あしび》

馬酔木咲き野のしづけさのたぐひなし　水原秋櫻子

馬が酔う木と書いて、あしびと読みます。

春先になると、馬酔木は白や薄紅色のつぼ形の小花を枝先に鈴なりに咲かせます。

その木の枝葉には毒があって、それを食べると馬がしびれて酔っぱらったようにふらつくから、というのが名前の由来とか。あしびというのも、足しびれ、が縮まった名前だといいます。

土地によっては「ハモリの花盛りに猪はたける」（ハモリ＝馬酔木。馬酔木の花が満開になると、猛った猪が現われる）といった自然暦の言

【馬酔木】

古名をあしび、いまはあせび。開花時期は二月～四月ごろ。ツツジ科。奈良公園は馬酔木の名所ですが、鹿はちゃんと知ってい て、馬酔木の葉を食べないそう。


【水原秋櫻子】

（みずはら しゅうおうし）一八九二年～一九八一年。俳人。俳句雑誌『ホトトギス』の黄金時代を築いた四Sの一人。のちに主観的な抒情を重んじる作風へ。

いならわしがあり、春先で気がたかぶっている猪への注意を促します。ハモリとは葉守りのことで、野菜などに害虫がつかないように馬酔木の茎や葉を煎じた汁を殺虫剤にして使ったために、そう呼ぶ地方がありました。

馬酔木には別名がさまざまあり、毒を持つことからドクシバ、シシクワズ、ウシコロシ、ある地方では春の彼岸に咲くのでヒガンノキ、花に似たものにたとえてチョウチンバナ、ムギメシバナ、コメシバ……。昔から日本に自生してきた馬酔木は暮らしになじみの花で、そのうえたくさんの個性的な特徴を持っているので、呼び名がこんなにも。

そんな古来の花だけに、『万葉集』には馬酔木の歌が十首入っています。

三諸《みもろ》は　人の守《も》る山　本辺《もとべ》は　馬酔木花咲き　末辺《すえべ》は　椿花咲く
うらぐわし　山ぞ　泣く子守《も》る山

よみ人知らず

万葉集　巻十三・三二二二

神さまが宿っていらっしゃる御諸《みもろ》の山は、人が大事に守っている山。

ふもとには馬酔木が咲き、頂には椿が咲きます。霊験あらたかで、えも言われぬ美しい山です。泣く子を大事にするように、皆で大事に守っている山。というこの長歌から感じられるのは、人の暮らしに溶け込んでいるのとはまた違った馬酔木の表情です。

まっしろい馬酔木の小花がいくつも鈴なりに咲いて、そしてきっとこれは白い椿ではないでしょうか、聖なる山の頂とふもとのどちらにも、万葉人が好んだという白い花々の眺めがあります。

神さまが宿る山を言祝《ことほ》ぐ歌には、それが早春の歌であればなおのこと、一年の農事始めに際して今年の豊作を祈る意味が込められています。

無垢の白を万葉人は尊んだといいますが、実りへの祈りに伴われる花は、死者への手向《たむ》けにも添えられるようです。春の訪れを告げて人の心を明るませる可憐な馬酔木の花だからこそ、弟の死を悲しむ歌に詠まれたとき、その悲しみを照らす彼岸の花にも思えてきます。

磯の上に生《お》ふる馬酔木を手折らめど見すべき君がありと言はなくに

大伯皇女

万葉集　巻二・一六六

【弟の死を悲しむ歌】

（水辺に咲く馬酔木を手折っても、花を見せてやりたい君に会ったとは誰も言ってくれません）

天武天皇の娘、大伯皇女《おおくのひめみこ》（六六一年〜七〇一年）は、謀反の罪に問われた亡き弟、大津皇子《おおつのみこ》の死を悲しむ歌を、『万葉集』に六首残しています。

椿《つばき》の言祝《ことほ》ぎ

つやつやとした葉に艶《あで》やかな花を咲かせる椿は、日本原生の常緑樹です。早咲きのものは十二月ごろからひらきはじめ、寒椿、冬椿などと呼ばれますが、一重、八重、牡丹咲きなどさまざまな椿が四月ごろまで咲き誇ります。

椿は花を愛でるだけでなく、暮らしにも役立ちます。木は固く丈夫なので工芸品などの素材になり、葉は止血の薬に、種は良質な椿油になって食用にも整髪料にも燃料にも重宝します。木炭にすれば昔は大名が使ったというほど品質が高く、木灰も日本酒の醸造に一役買います。

一年中あおあおとした常緑の葉に、しっかりとした幹、華やかな花といった、生命力に満ちた個性のおかげでしょうか、古代には椿は霊力を持つ神木ととらえられていました。たとえば『日本書紀』では、景行天皇が土蜘蛛を討伐するときに椿の杖を用いたという話が出てきます。

河上《かはのへ》のつらつら椿つらつらに見れども飽かず巨勢《こせ》の春野は

春日蔵首老

万葉集　巻一・五六

【椿】
春を代表する花で、木偏に春と書いて「椿」。ツバキ科ツバキ属。野生種のヤブツバキは、赤と白の花を咲かせます。名前の由来は、厚葉木《あつばき》または津葉木《つばき》（葉に光沢のある木）からとも、朝鮮半島で椿を指す冬柏《つんばく》からともいわれます。

【景行天皇】
（けいこうてんのう）
『古事記』『日本書紀』に記される第十二代天皇。ヤマトタケルの父。

これは『万葉集』の椿の歌ですが、奈良の巨勢の春野を行きながら、川のほとりに無数に咲く野生のヤブツバキを眺めていると飽きることがない美しさだと、椿の名勝を言祝ぎます。

地名を詠み込んだ歌は、一説によると、その土地の神さまへのご挨拶、神さまを祝福する歌だといいます。椿の花でにぎわう巨勢は、奈良から吉野や紀伊へ向かうときに通る道ですが、そうした旅の途中、あざやかな自然に迎えられて地に感謝し、旅の安全を心に願いながら、花野を詠ったものでしょうか。

花の終わりには花びらが舞い散るのではなく、ぽとりと花が丸ごと落ちるのが椿の特徴のひとつ。首を落とすように見えるので、武家が忌み嫌ったともいいますが、どうやらそれはのちの時代にいわれた俗説のよう。とはいえ病院へのお見舞いには持っていかないほうがよさそうです。

赤い椿白い椿と落ちにけり　河東碧梧桐

落椿《おちつばき》という春の季語で詠まれる情景ですが、それまで美しく木に咲い

【春日蔵首老】
（かすがのくらびと おゆ）
生没年未詳。奈良時代の官人、僧侶。

【河東碧梧桐】
（かわひがし へきごとう）
一八七三年～一九三七年。俳人。高浜虚子とともに正岡子規門下の双璧と謳われました。のちに五七五の定型にとらわれない新傾向俳句へ。句集に『新傾向句集』『碧梧桐句集』など。

ていた椿が、地の上に音を立てる瞬間というのは、はっとさせられます。赤い椿、白い椿と並べられると紅白の縁起物にも通じるはずが、落ちにけりと結ばれると、しんと心が静まります。

そんな沈黙を呼ぶほど存在感がある花といえますが、赤椿、白椿といえば、デュマ・フィスの小説『椿姫』のヒロイン、マルグリットが思い浮かびます。ヒロインは白または赤の椿の花束を必ず持って、毎夜劇場に現われたと語られます。

父が鋏《はさみ》をもつて　　津村信夫

夕食前に父が鋏を持つて椿を折りに庭に出た。新婦の姉が白いテーブル掛にしみをつけた。椿があんまり重たさうだと私が云つた。

食事が始まる。父の影法師、姉の――、私の――、そして椿の――。

思想が影にへりをつけた。莨《たばこ》が片隅に黄色く屯《たむろ》した。新婦はむせて口に紛悦《てふき》をあてた。

私は小窓を少しひらいた。「春の夜や二階三階　燈をともす」。


【椿姫】

一八四八年にフランスの劇作家、小説家アレクサンドル・デュマ・フィスが実体験に基づいて書いた小説。高級娼婦と青年の悲恋が描かれます。マルグリットは毎月二十五日間は白椿、生理中の五日間は赤椿で身を飾ったことから椿姫と呼ばれます。


【津村信夫】

（つむら のぶお）

一九〇九年～一九四四年。詩人。室生犀星に師事し、丸山薫、立原道造らとともに詩誌『四季』に参加。詩集に『愛する神の歌』『父のゐる庭』など。

椿とは物語にとって、あるいは暮らしの小道具としてどんな意味を帯びた花なのでしょう。結婚していく姉と食事をともにするひとときを書いた、この詩に登場する椿とは、落椿というひとつの終わりを暗示するものでしょうか、それとも、姉を祝福する食卓に添えられる温かな気持ちなのでしょうか。

どこか物憂げな読後感は、折られた椿、テーブル掛のしみ、花の重み、影法師と重ねられていく言葉の印象によるようです。詩人である弟は、嫁いで去っていく姉を恋しく思い、父も寂しさを感じているのかもしれません。

けれども、小窓を少しひらいて二階三階に燈をともすことで、新しい風を呼び、暖かな明かりに照らされます。寂しさが通り過ぎたあと、相手を思いやる別れの夜に、椿はふさわしく思えます。

古代に神木として尊ばれ、中世に茶人に愛された椿。江戸期に大流行して数々の園芸種が生まれ、長崎からヨーロッパに渡って悲恋の小説の題材となった花。

でもそうしたイメージをそっと横に置き、ありのままの花の姿を見てみると、椿はこんな心で咲いているよう、といまの歌人は詠います。ほめて、ほめて、と椿が健やかに咲くさまと響き合うように。

ほめたい、ほめたい、硬い木の葉を震はせてゆふぐれどきの椿はうたふ

石川美南

【石川美南】

（いしかわ みな）

一九八〇年〜。短歌同人誌『pool』『[sai]』や、さまよえる歌人の会などで活動。歌集に『砂の降る教室』『裏島』『離れ島』。

桃《もも》に乙女《おとめ》

野に出れば人みなやさし桃の花　　高野素十

暖かくなってくると、しぜんと外へ出かけたくなります。三月三日の桃の節句には、踏青《とうせい》といって、野山を散策し、萌え出ずる草木の生命力を浴びる慣習がありますが、旧暦の三月といえば、ちょうど桃の花咲くころです。春の野へ足を運ぶ人が、柔和な表情で開花をよろこぶさまが目に浮かびます。

うららかな節句の日に、桃の花がちょうど咲きはじめるのも趣き深いこと、と言祝いだのは清少納言でした。

三月三日はうらうらとのどかに照りたる。桃の花のいま咲きはじむる。

（清少納言『枕草子』第四段より）

七十二候には「桃始めて笑う」という季節がありますが、笑うとは咲くという意味で、仲春に入っていくこの時期に、桃が笑い、人々が微笑

【桃】
花は淡紅色をはじめ、白や濃紅、八重や菊咲きなどがあります。葉より先か、葉と同時に花ひらきます。バラ科モモ属。名前の由来には種々の説があり、真実《まみ》とも燃実《もえみ》とも、たくさんの実をつけることから百《もも》だともいわれます。中国北部原産。実がなるのは七月～八月ごろ。

【高野素十】
（たかの すじゅう）
一八九三年～一九七六年。俳人、医学博士。目の前の自然をありのままに受けとめる客観写生を重んじる純写生派。句集に『初鴉《はつがらす》』、『雪片《せっぺん》』、『野花集《のばなしゅう》』など。

む幸福感がありありと野にあふれます。

そんな桃は、実にまつわるいわれも多く、たとえば古代中国の王朝、漢の武帝が長寿を願ったとき、西王母が天上から舞い降り、三千年に一度とれる仙桃を七つ贈ったという伝説や、イザナギノミコトが黄泉《よみ》の国から地上へ戻るとき、追ってきた黄泉醜女《よもつしこめ》に桃の実を三つ投げると、桃の霊力をおそれて逃げてしまった、といった神話があります。かつて桃は仙木、仙果として邪気を祓《はら》い、不老長寿をもたらすものと考えられていました。

もも、とは古くは果実を意味し、中国から渡来した当初、桃は毛桃《けもも》と呼ばれました。それがやがて桃という名になったそう。

昔の桃は甘くなく、実が小さくて果肉が硬く、薬用や観賞用に栽培されていたといいます。時代が下り、明治のころに上海水蜜桃《しゃんはいすいみつとう》という甘い品種が清の国から入ってくると、それをもとに岡山の白桃が生まれ、いまの甘い桃がひろまったとか。

古代に仙果とされた桃は、良薬口に苦しというように、体にいいけれ

【清少納言】
（せいしょうなごん）
九六六年ごろ～一〇二五年ごろ。平安時代の作家、歌人。自身の感覚や美意識のままに語り、不朽の名随筆『枕草子』を著します。

【桃始めて笑う】
七十二候で、桃の花が咲きはじめるころという意味の季節。啓蟄《けいちつ》の次候（啓蟄は二十四節気で春の半ばの季節。虫たちが地上に顔を出すころ）。三月中旬。

【西王母】
（せいおうぼ）
西の仙境、崑崙山《こんろんざん》に住む最高位の女仙が西王母とされます。

ど苦い実として物語に登場したのかもしれません。あるいは三千年に一度の奇跡の桃なら、やっぱり甘くておいしい桃だったのかも。

春の苑《その》紅《くれない》にほふ桃の花下照る道に出で立つをとめ

大伴家持

紅い桃の花がほのほのと照らす春の園庭に沿う道、そこに立つ乙女の姿を、万葉の歌人が眺めています。凛とした梅とも、無常を思わせる桜とも違い、桃の花はどこかに温かみを覚えます。

それから千年余りを経た昭和の世に、深くやさしい眼で人間を見つめた詩人がいました。

桃の花　　山之口貘

いなかはどこだと
おともだちからきかれて

万葉集　巻十九・四一三九

【大伴家持】
（おおとも の やかもち）七一八年ごろ〜七八五年。奈良時代の貴族、歌人。『万葉集』の編纂にかかわったといわれます。

●シタテルヒメ
この家持の歌の下の句は、日本神話の女神、シタテルヒメを詠み込んでいるとも読めます。シタテルヒメは、国造りの神、大《おお》国主《くにぬし》の娘で、この歌が、前年に即位した女性の天皇、孝謙《こうけん》天皇（七一八年〜七七〇年）を言祝いだ歌ではといわれる由縁です。

ミミコは返事にこまったと言うのだ
こまることなどないじゃないか
沖縄じゃないかと言うと
沖縄はパパのいなかで
茨城がママのいなかで
ミミコは東京でみんなまちまちと言うのだ
それでなんと答えたのだときくと
パパは沖縄で
ママが茨城で
ミミコは東京と答えたのだと言う
一ぷくつけて
ぶらりと表へ出たら
桃の花が咲いていた

幼い子が不思議な理屈で父をやりこめてしまう微笑ましい日常の一幕に、娘の成長に驚きよろこぶとともに、どこか複雑に感じているらしい

【山之口貘】（やまのくち ばく）一九〇三年〜一九六三年。詩人。時に住所不定の貧しい暮らしをしながら、ユーモラスに人の心を照らし出す詩を書きました。一篇の詩を書くのに二百枚も三百枚も原稿用紙を費やしたという推敲魔としても知られます。詩集に『思弁の苑』『定本 山之口貘詩集』『鮪に鰯』など。

詩人の姿がにじみます。沖縄から東京へ出てきた苦労が父の胸にはよぎりますが、そんなことはどこ吹く風で、私のいなかは東京と言ってのける娘に、自分にはない心の自由さを見たのでしょうか、そんなへ理屈をいつの間にと目を丸くしたのでしょうか。

どちらの歌も詩も桃に託して、少女の健やかな歩みを愛おしむ心が感じられます。

梅や桜が花の代名詞のように人々に愛でられ、歌心を誘う花だとすれば、桃はむしろ花に寄せて誰かの幸せを祈るような贈り物の詩歌にふさわしいよう。

種をまき、水をやる。
ただそれだけのことなのに、
一日が愛おしく、朝が待ち遠しい。

浮《う》き雲《ぐも》と菫《すみれ》

野にひっそりと咲く紫の小花。花の裏側がふくらんで、蜜をためる蜜だまりがあるのですが、そのかたちが大工の使う墨入れという道具に似ていることから、すみいれの〈い〉が省略されて、菫という名前がついたといいます。

日本をはじめ、東アジアの各地で古くから自生したという菫は、北海道から沖縄まで全国に五十種も棲息するといわれ、春の訪れとともに花を咲かせます。

春の野にすみれつみにと来《こ》し吾《われ》ぞ野をなつかしみ一夜《ひとよ》寝にける

山部赤人

万葉集　巻八・一四二四

【菫】
紫のほか、白い花も。スミレ科。三月～五月、一本につき一花ずつ咲きます。お浸しや天ぷらにしてもおいしい野草。ちなみに、ヨーロッパ原生の野生種を改良した三色の菫がパンジーです。

春の野に菫を摘みに来てみたら、野に惹かれて去りがたく、一夜を過ごしてしまった、というこの歌は万葉の時代の古い歌で、早春の野を訪れる若菜摘みのならわしを思わせます。

降り積もる雪が解けて、顔を出した七草のあおあおとした若葉を摘んでは、その菜の若々しい生命の気をいただく慣習が古来ありました。そんな若菜摘みと同じように、摘んでしまうとすぐに萎れてしまう菫は、花の生命力が摘んだ人へと移ると信じられ、春の野へ菫摘みに行くならわしがあったようです。

暖かくなったとはいえ、まだ冷え込むこともあるでしょうし、一夜を過ごしたと歌うほどのよろこびとはなんでしょう。やはりそれは、冬が去り、萌える春野へようやく出かけられるよろこびでしょうか。

かたまつて薄き光の菫かな　　渡辺水巴

小さな菫の咲く野には、目を凝らせばさまざまな春の命たちが見つかったことと想像します。草むらや木陰、石垣の間など思いもよらない

【山部赤人】

（やまべ のあかひと）

生年不詳～七三六年。歌人。柿本人麻呂と並び称された歌仙。聖武天皇の時代の宮廷歌人だったとも。


【渡辺水巴】

（わたなべ すいは）

一八八二年～一九四六年。俳人。俳誌『曲水』を主宰。江戸の情調を感じさせる作風から、父の死を境に、霊性を宿したような静謐な句を求めていきます。

場所に菫が咲いていることがありますが、それは菫の種が、蟻の好む物質を付着させているからだそうです。種が蟻たちに運ばれていき、そのおかげであちこちに芽吹くのだとか。
春の野に寝そべって一夜を過ごす人は、時に空を見上げては、時にまた下草の間に菫を見つけることでしょう。

ひとつでうごかずに浮く雲　　貞久秀紀

さきほどから空に浮かび、ひとつでうごかずに浮くちぎれ雲は、いつかどこかでみた雲のよう。

それはいつのことかと問われたなら、こうしていま岩陰にすわりながめているのは、さきの雲からのつづきのよう。

それはどこでのことかと問われたなら、ここよりほかにどうしてどこかであるだろう。岩陰の花は、岩のすみれ色にさいて。

【貞久秀紀】
（さだひさ ひでみち）一九五七年〜。詩人。一九九八年に詩集『空気集め』でＨ氏賞を受賞。事物を写し取る言葉の不思議さを探究し、現代詩の新しい領域を切り拓いています。詩集に『ここからここへ』『リアル日和』『昼のふくらみ』『石はどこから人であるか』『明示と暗示』。他に『雲の行方』。

田《た》打《う》ち時《どき》のこぶし

北へ向かう車窓から、まるで祝福のように咲いているこぶしの姿を眺めていました。春よ来い、と白い花がいくつもいくつも、四方へ花びらをひらいていています。

まだ葉のない枝々に、やわらかな木綿の小布を振っているような六枚の花びらをつけた花で梢はにぎわい、遠まきに眺めると、ちらちらと風にそよいで白い光がさざなみを打っていました。

寒さに強く、昔から日本に自生するこぶしは、毎年、北国に春の訪れを知らせる花でもあります。

三月の終わりから四月にかけて開花し、「こぶしが咲いたら、田打ちの時期」、「山木蓮（こぶし）が咲くと籾蒔《もみま》きをせねばならぬ、散ると田植

【こぶし】
花の時期は三月～五月。名前の由来は、蕾や実が握り拳のかたちをしているからとか。モクレン科。漢字で「辛夷」と表記しますが、この字はもともと中国では木蓮のこと。蕾は陰干しにして粉末にすると、鼻炎や頭痛の薬に。実は辛く、こぶしはじかみとも（はじかみ＝山椒）。

えを始めにゃならぬ」などなど、さまざまな地方の自然暦として、春の農事始めの目安となってきました。それゆえ、田打桜《たうちざくら》や種蒔桜《たねまきざくら》、田植桜《たうえざくら》など農事にちなんだ名前でも呼ばれます。

南から北へとしだいに花が咲きだすにつれて、田を打ち、一年の田畑の営みを始めていきます。それを見守るこぶしに、人は豊作の願いをかけていたのではないでしょうか、「こぶしの花の多い年は豊年なり」「開花が北向きなら気候は順調」などの花占いの言いならわしが土地土地に伝わっています。

来世とはまぶしきことば花こぶし　　柴田白葉女

来世という、手の届かない時の彼方へ思いを馳せる途方もない言葉のあとに、花こぶし、と来ています。来世にこそは結ばれたい、との願いやあきらめが入り混じっているようでもあり、スケール感の大きな言葉と花の名前との組み合わせに、物事にとらわれのない達観が感じられもして。この句にふれると、はかないような、せつないような気持ちにな

【柴田白葉女】（しばた はくようじょ）一九〇六年～一九八四年。『女性俳句』『俳句女園』を創刊し、現代俳句における女性俳句を打ち立てます。一九五八年、句集『月の笛』で蛇笏賞を受賞。

ります。どうしてここで、こぶしなのでしょう。

しんしんと降る北国の雪の静けさ、まっしろな花が咲き誇る山野の情景、農事の始まりに豊作を乞う祈りの切実さ。そうした生活の実景がぎゅっと凝縮されたようなこぶしという花に、あたかも人の命のきらめきが、来世というものに負けないくらいあふれているんだと句が告げているようです。こぶしの花にかけられた思いのひとつひとつが、とても大切に扱われているこの句の詠いように心がふるえてきます。

春を待つ心ゆえなのか、こぶしには思慕の花、希求の花という印象があります。そんな花の姿に溶け入るように、どこか遠くを思う詩を。

山なみとほに　　　三好達治

山なみ遠《とほ》に春はきて
こぶしの花は天上に
雲はかなたにかへれども
かへるべしらに越ゆる路《みち》

【三好達治】

（みよし たつじ）

一九〇〇年〜一九六四年。一九三〇年に処女詩集『測量船』を刊行し、その叙情の世界が人気を博します。萩原朔太郎の妹アイを恋い、一九四四年に結婚しますが、翌年には破局してしまいます。戦前から戦後にかけての日本の抒情詩人を代表する一人です。


【山なみとほに】

帰る辺も知らず越える路、と結ぶこの詩は、恋する詩人、三好達治が長年思い続けた相手、萩原アイへの恋情を綴った詩集『花筐《はながたみ》』に収められています。

いちめんの菜《な》の花《はな》

青森を旅していたときのこと。ゆるやかに曲がりくねった道を歩いていて、丘のふもとに沿いながら、ふっとひろがりのある場所に出ると、あたりいちめんが黄色に染まっていました。いま、まさにつぶらな花をいくつもつけた、見渡す限りの菜の花畑。

みつばちが飛び交い、もんしろちょうが舞い、すずめが遊び、かつては日本のあちこちで見かけた春の情景です。

菜の花の「な」というのは、食べ物、副食といった意味で、つまりは食用の花です。またアブラナ、菜種とも呼ばれ、油分をたっぷり含んだ種が黄褐色の菜種油になります。葉や茎のお浸しや和え物は、春にしか食べられない旬の味。菜の花は、もともとは中国から渡ってきたようで

【菜の花】
アブラナや菜種のこと。また広くアブラナ科の植物の花を総称して菜の花とも。早い地方では二月から、一般にはおよそ四月ごろに開花を迎えます。青森の下北《しもきた》半島や、鹿児島の薩摩《さつま》半島などで、あたりいちめんの黄色い菜の花を眺めることができます。

すが、昔から日本でも各地で栽培されてきました。

明るい昼の日射しの下が似合う菜の花畑ですが、幼いころから見慣れた、懐かしい田園風景でもあったからでしょうか、詩や歌などでは夕暮れ時が歌われたりします。

菜の花や月は東に日は西に　　与謝蕪村

日が落ちていき、月がぽっかりとのぼった春の茜空を背景にして、夕映えする花の光景が目に浮かびます。童謡の「朧月夜《おぼろづきよ》」でも〈菜の花畠に　入日薄れ　見わたす山の端《は》　霞《かすみ》ふかし〉と、やはり日暮れの情景として菜の花畑が登場します。

同じ春の黄色い花でも、たんぽぽなどとは少し印象が違って、菜の花はひとところにこぢんまりと咲く野花というよりも、目の前の景色を、ときに一変させてしまう大がかりな舞台装置のような存在感があるのかもしれません。

そんな菜の花を詩にするのに説明はいらない、描写もいらない、ただ

【与謝蕪村】

（よさ ぶそん）

一七一六年～一七八三年。俳人、画家。芭蕉、一茶と並び称され、江戸俳諧中興の祖といわれます。また俳句に題材をとり、大胆な省略や軽妙なタッチを特徴とする俳画の世界を完成させたともいわれ、活躍しました。

菜の花さえあればいい、とでもいうように、あたかも詩人自身が花畑に溶け込んでいったかのように、山村暮鳥はひとつの詩句を書き連ねました。

いちめんのなのはな
いちめんのなのはな
いちめんのなのはな
いちめんのなのはな
いちめんのなのはな
いちめんのなのはな
かすかなるむぎぶえ
いちめんのなのはな

（山村暮鳥「風景」より）

【山村暮鳥】（やまむら ぼちょう）
一八八四年～一九二四年。詩人、児童文学者。萩原朔太郎、室生犀星と「にんぎょ詩社」を設立。詩集に『三人の処女』『聖三稜《せいさんりょう》玻璃《はり》』『風は草木にささやいた』など。童話集に『ちるちる・みちる』ほか。

山桜《やまざくら》と山《やま》の神《かみ》

ふり仰ぐと、山が淡く色づいていました。すっと空へ背を伸ばすように幹が立ち、やわらかな緑がかった枝に白く、またほのかな紅色に花が咲きにぎわっています。

あれは、山桜。

花のあとに葉を茂らせる染井吉野《そめいよしの》と異なり、山桜は葉の芽を枝々につけつつ花を咲かせます。しかも、あたりの山桜がいっせいに咲くというより、同じ場所に生えている木々でも少しずつ開花の時期がずれて、あちらで咲き、こちらでまた咲き、とゆるやかに花の盛りを過ごします。

山のふもとでは田植えに備え、田に水が張られるころでしょうか。朝、まだ静かなその水面には、向こうの山々の姿が映ります。山に咲く花も、

【山桜】
山に咲く桜という意味ではなく、山桜という名前の桜です。日本原生で、桜の原種とも。バラ科サクラ属。地方によりますが、三月下旬から咲きはじめ、四月上旬ごろに花の盛りに。

【染井吉野】
いまや桜といえば染井吉野。江戸彼岸系の桜と大島桜の交配種といわれます。バラ科サクラ属。

田水の上に浮かびます。

古い民間信仰では、山の神は先祖でもあり、田の神でもあると信じられてきたそうです。春、山からおりてきて、籾蒔きを見守り、ぶじ苗が育ち、田植えが済み、夏を過ごし、秋に稲穂がゆたかに実るまで田の一年を見届けて、それからまた山へ帰っていく神さま。

そんな田の神が現われる兆しとして、春には山々が山桜に染まると信じられていました。

早乙女《さおとめ》（田植えする女性）や早苗《さなえ》（田に植えるころの苗）、皐月《さつき》（旧暦五月）など、田にまつわるものごとに「さ」がつくのは、それが田の神を表わすからともいわれます。さくらという名前も「さ」は神さまのこと。その神さまが「くら」（座）に坐して山を染めるから、さくらというとする説があるくらい、実りへの祈りと結びついた花でした。

桜を詠う歌が『万葉集』には少なかったのが『古今和歌集』のころから、花といえば桜を意味するほど増えていきます。それは『万葉集』の時代には、中国伝来の梅を愛でる宮廷文化が盛んで、桜を観賞するようになるのはもう少し時代が下ってから、と説明されもします。

●桜の名前の由来
咲く＋接尾語「ら」で、さくら、という名前になったとも。また、花がうららかに咲くから、さきうら、さくらと転じたとも、日本神話の女神、木花之開耶姫《このはなのさくやひめ》が桜の神で、さくやがさくらになったとも。

ですがそうではなく、むしろ桜は、見事に咲いたら今年は豊作、早く散ったら凶作などと占われたほど稲作にまつわる信仰の花だったために、歌を詠もうという気持ちが起きなかったのではないかともいわれます。

桜は山の花であり、梅は里の花であり。いずれも日本の文化に深く根ざしたかけがえのない花なのは確かなことです。それでいて、山に咲き、祈りの対象となった桜と、人に植えられ、実が薬にも食事にも役立った梅とは、そもそも花と向かい合うときの心の持ちようが違ったのかもしれません。

野を開墾し、森を田へと切り拓いていったのが稲作の歴史なら、あちらは精霊たちの棲む神聖な領域だからと、山をおそれ敬う気持ちの名残りが、山桜を眺めるときにもあったでしょうか、土の、草木の、水の、太陽の光の、さまざまな自然の恵みあってこそ、田畑に実りがもたらされることに感謝しながら。


山峡《やまがい》に咲ける桜をただひと目君に見せてばなにをか思はむ

大伴池主

万葉集　巻十七・三九六七

●万葉人と桜
「万葉集に桜花を観賞した歌が余りないのも不思議ではなく、桜花によつてその歳の農事をトつたので、咲いてもその方の懸念ばかりしてゐて、観賞するだけの余裕を万葉人は持たなかつた。」（折口信夫《おりくちしのぶ》「年中行事」より）

山あいに咲く桜をただひと目でもあなたに見せることができたら、それ以上なにを思うことがあるでしょう、と大伴池主が、親しい間柄にある病床の大伴家持に贈った歌です。花を手向けるように差し出された歌には、桜への祈りが織り重ねられているようです、ひと目見せたいと願って詠むことで、あたかも桜を届けるように。

さくら

まど・みちお

さくらの　つぼみが
ふくらんできた

と　おもっているうちに
もう　まんかいに　なっている
きれいだなあ
きれいだなあ

【大伴池主】
（おおとも の いけぬし）
生没年未詳。大伴家持と従兄弟にあたり、親しい仲だったようです。

【大伴家持】
（46ページ）

【まど・みちお】
一九〇九年〜二〇一四年。「ぞうさん」「やぎさんゆうびん」「ふしぎなポケット」など数々の名作童謡の作詞を手がけ、また子どもにも大人にも響く詩を生み出した詩人です。

と　おもっているうちに
もう　ちりつくしてしまう
まいねんの　ことだけれど
また　おもう

いちどでも　いい
ほめてあげられたらなあ…と

さくらの　ことばで
さくらに　そのまんかいを…

古来、人は恋する相手や親しい人に桜の歌を捧げてきましたが、そんな言祝ぎの最たるものとは「さくらの　ことばで　さくらに　そのまんかいを」「ほめてあげられたらなあ…」と願うこの詩のように、花を思い、花そのものに捧げる言葉なのかもしれません。

七十二候では三月の下旬、春分次候に「桜始《さくらはじ》めて開《ひら》く」という季節が訪れます。花見の桜が、山桜から染井吉野に変わり、山あいを眺める風情から桜の木の下で宴をする楽しみへと変わっても、過ぎゆく月日を数えながら、桜の季節を待ち遠しく思う心はいまもあります。

願はくは花のしたにて春死なむその如月の望月のころ　西行

あくがるる心はさても山桜散りなむのちや身にかへるべき　〃

願わくば、旧暦二月の満月のころ、桜の花の下で死にたいものですと詠む心はまた、憧れ過ぎて桜のもとへ行ったきり、花が散っても帰ってこられるものでしょうか、とも詠います。

散りぎわが美しいとされ、武家に尊ばれた桜は、咲くよろこびとは別に、散る美学とも結びつきました。散る花を惜しみ、散るはかなさにあわれを覚え、数々の歌が生まれます。

山々を色づかせる春の息吹のたかまりも、花の散るさまに表われる時

【桜始めて開く】
七十二候で、今年初めて桜が咲くころという意味の季節。春分の次候。三月下旬。

【西行】
（さいぎょう）
一一一八年〜一一九〇年。旅する歌人であり、仏の道を歩んだ人物でもあり、漂泊する詩人の先達として、のちの世に多大な影響を与えています。家集に『山家集』。

の移ろいのはかなさも、ともに桜の姿です。

人は亡くなると山へ帰ると信じられ、最初の一年は喪に服しますが、そののちには祖先になり、山の神になり、田を見守りに訪れてくれるという、神でありながら身近な存在でした。としたら生と死とが隣り合い、親しく暮らす土地で、山に咲く山桜の花は、あれは祖父母、あれは父母、そして私の命もいつかは帰り、春になれば咲きにぎわう、そんな生命の営みのくり返し。

田《た》の春《はる》のたんぽぽ

道ばたに咲くたんぽぽを見かけると、やわらいだ春のさなかに、いまいるんだなと感じてほのぼのします。もう花が終わり、綿毛になっているのを手折って息を吹きかけると、ふわぁっと種が舞い飛ぶ、幼いときからのなじみの花。

たんぽぽには二十種類ほどあって、黄色い花がポピュラーですが、白い花や、なかには桃色の花もあります。ただ、在来種のカンサイタンポポやカントウタンポポなどは、だんだん数が少なくなり、よく見かけるのはセイヨウタンポポになりました。

カンサイタンポポやカントウタンポポは群れなして咲き、花から花へ飛び交う虫に受粉させてもらわなくてはなりません。そして種ができる

【たんぽぽ】
たくさんの花びらに見える一枚一枚が、たんぽぽの花です。平らで細長く舌のような舌状花《ぜつじょうか》と、その舌状花が集まってできる頭状花《とうじょうか》。キク科タンポポ属。朝の光に花ひらき、日暮れや雨、曇りには花が閉じるので羊飼いが羊を放牧する目安にしたことから、牧童の時計という愛称も。

と綿毛とともに飛んでいき、辿り着いた地で、秋まで待って、やっと芽吹きます。セイヨウタンポポのほうは、一輪の花のおしべとめしべだけで受粉して種ができ、その種は地面に着地してすぐに芽を出し、花を咲かせます。

町の自然環境が変わって在来種には住みづらくなるなか、たとえ一輪になっても受粉できるセイヨウタンポポが町の花として残ってきました。

アスファルトの舗装路のすみっこにも生えてくるセイヨウタンポポと違って、在来のたんぽぽは広々とした土の地面を好みます。野や田を歩けばカンサイタンポポやカントウタンポポに出会えるということは、そこにはまだ昔ながらの風土が残っているということなんだと思います。

たんぽぽの属名Taraxacum（タラクサクム）はラテン語で苦い野菜という意味で、たとえば聖書に出てくるパンに添える苦菜とは、たんぽぽの菜のことでもあるそうです。そんな話があるくらい、この花が昔から食用となり、薬草となってきたことがわかります。

●たんぽぽの見分け方
黄色い花と茎の合わせめの緑の部分（外総苞片《がいそうほうへん》）が剥けて反り返っているのがセイヨウタンポポ。カンサイタンポポやカントウタンポポは、花の根もとのその部分がぴたっとくっついています。

たんぽぽの若い葉はよくあくを抜き、お浸しや天ぷら、和え物などにしていただきます。雪解けのころの東北では、春先のため野菜が足りなくなると、たんぽぽがいい栄養になってくれました。またフランスではベーコンをオリーブオイルで炒め、それをたんぽぽの菜にかけてサラダにするそうです。

葉や茎を切ると出てくる乳汁のような汁は、胃をいたわったり熱を下げたり炎症を抑えたり、いい薬になります。たんぽぽを開花前に摘んだら、とくに薬の成分の豊富な根をよく洗い、乾燥させて薬草にします。赤ちゃんにふくませるお乳があまり出ないときのために、蒲公英湯《ほこうえいとう》といってお母さんのおっぱいの出をよくする漢方の飲み物がありますが、それもたんぽぽの薬効です。

黄色い花びらや綿毛のイメージがまず思い浮かぶこの花は、暮らしのなかで人を助けてきてくれた植物でした。

そしてヨーロッパでは、白い冠毛を吹いて子どもたちが占いをしたり、一息で全部吹き飛ばせたら恋が成就するというジンクスがあったりと、心のやわらかい部分を託せるような不思議な花でもあります。

【たんぽぽの花占い】
たんぽぽの綿毛を吹きながら「イエス」「ノー」「イエス」……と言っていきます。「イエス」のときに綿毛が全部吹き飛んだら願い事がかなう、という花占い。

たんぽぽの綿毛を吹いて見せてやる
　いつかおまえも飛んでゆくから

俵万智

大人のなかにふだんは眠っている幼心ですが、あの綿毛に呼び覚まされることがあります。恋をしたとき、昔を懐かしく思い出すとき、野の匂いを感じたくなるとき、そして子どもと一緒に遊んでいるとき、たんぽぽは心のそばに咲いているようです。

こうするんだよ、と白い綿毛を吹き飛ばして見せる人は、子どもに向き合う母でありながら、かつての遊びをもう一度楽しむ子ども心にかえった人でもあります。

息を吹きかけると、一瞬ふるえ、それから綿毛は風に乗って宙へ放たれます。日の光に当たり、子どもがすくすくと育つさなかに「ああ、いつかこの子も一人立ちする時が来るんだ」と予感のふるえが母の心のうちに生まれます。それでいてなおも子どもの背中を押してやる人のふるまいに、親の愛情のありかを見る思いがします。

たんぽぽの周囲には、子どもも大人も通じ合えるような、親子を結び

【俵万智】
（たわら まち）
一九六二年～。歌人。一九八七年に刊行された第一歌集『サラダ記念日』が時代の感受性をとらえ、ベストセラーに。歌集に『かぜのてのひら』『チョコレート革命』『オレがマリオ』など。

つけるような親密な時間が流れているのかもしれません。乳の出をよくする薬草は、母を助けて幼い子どもの体を育み、綿毛を吹く遊びは、子どもの心身が自然とたわむれながら育つのを見守ります。

そんなたんぽぽの名前の由来にはさまざまな説がありますが、昔は田菜《たな》と呼ばれたそうです。田畑や土手などに生えている菜。田菜の花がほほけて冠毛のふさふさした実になるから、田菜ほほ、転じて、たんぽぽと。あるいは布で綿を包み円くしたものを、たんぽといいますが、それに似た花だから、たんぽぽ。

はたまた、花がまんまるで鼓《つづみ》のようなので、たん、ぽん、ぽんと鼓を鳴らす音からついた名前ともいわれます。中国では昔、たんぽぽが丁婆《ティンポ》婆《ポ》と呼ばれていたので、それが日本に渡ってきたという説も。

思うのですが、たんぽぽ、というのは本当にいい名前です。つい口にしたくなる音の響きの心地よさを感じませんか?

名前の由来は定かではありませんが、もしかしたら幼い子がふと口にした、まだ言葉になるかならないかの乳児の喃語《なんご》に近いような発音がひ

【鼓草《つづみぐさ》】たんぽぽの花が鼓に似ているので、鼓草という別名があります。英名のDandelionとは、フランス語のダンドリオン(dent-de-lion)から来ており、ライオンの歯という意味。たんぽぽの葉のぎざぎざが、歯に似ているから。

ろまったのではないか、なんて想像をめぐらせてしまいます。

子どもが道ばたのたんぽぽを指さし、舌足らずに言い間違えた呼び名がかわいらしくて、それを聞いた母との間でだけ呼びならわしているうちに、いつのまにかその名が口づてに伝わっていったとでもいうように。

ほほをぽぽと言ったにしても、たんぽの「ぽ」が増えたにしても、たんぽんぽんと唄うように呼んだにしても、はたまた異国の花の名前をもらったにしても、意味より音の響きのほうが、ぽっと出てきて名前になったかのようです。

わらべうたでも口ずさむように、たんぽんぽんが咲いたよ、たなっぽぽの吹きっこしよう、なんて子ども同士が呼び合った幼児語だったとしてもしっくりくるように思えます。

そんなふうにこの花の名前を面白がっているのは、なにも子どもとは限りません。川崎洋という詩人は、たんぽぽのことをこんな詩にしています。

きっとこの詩人のなかには、ふだんからぜんぜん眠ってなんかいないで、遊んでばっかりいる子どもも心がざわついていたんだと思います。

たんぽぽ

川崎洋

たんぽぽが
たくさん　とんで　いく
ひとつ　ひとつ
みんな　名まえが　あるんだ
おーい　たぽんぽ
おーい　ぽぽんた
おーい　ぽんたぽ
おーい　ぽたぽん
川に　おちるな

【川崎洋】

（かわさき ひろし）

一九三〇年～二〇〇四年。詩人・放送作家。詩や脚本、絵本など幅広いジャンルで活躍。子どもから大人まで、くすっとさせるユーモラスな詩の書き手。詩集に『はくちょう』『しかられた神さま』『どうぶつぶつぶつ』など。

山吹笑う
やまぶきわらう

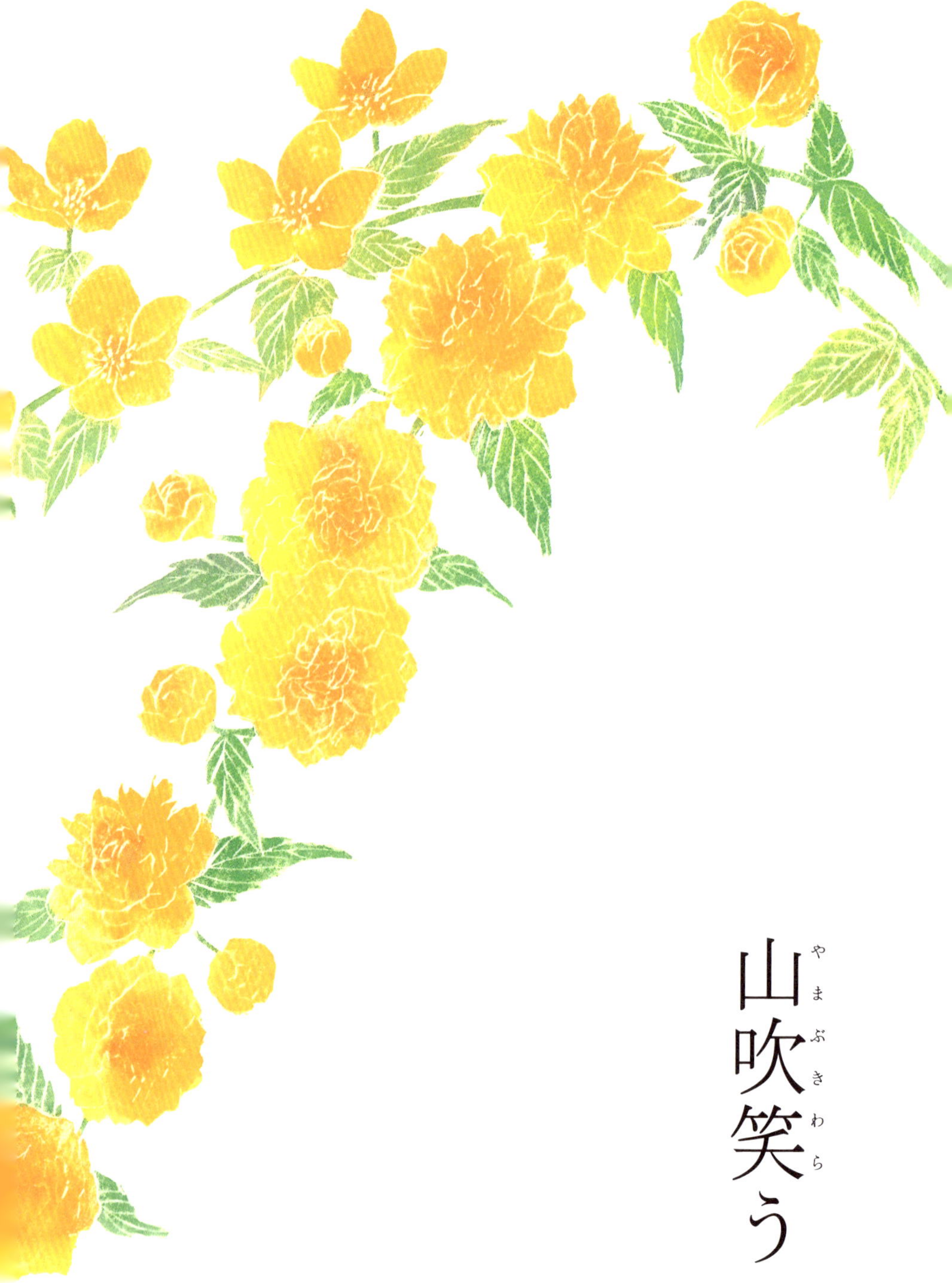

野山の緑に、ほんのり赤みがかった黄色がよく映える山吹の花は、山あいの川沿いに群れなして咲きます。

おおらかな五弁の花びらの一重咲きと、めしべやおしべまで花びらになった華やかな八重咲きがあり、ただ山吹というときは一重山吹のことです。

八重山吹のほうは棣棠花《たいどうか》という別名を持ち、日本のバラと呼ばれます。山吹は実をつけない花と古来歌に詠まれ、誤解されてもいるようですが、それは八重山吹で、一重山吹は実を結びます。

吹き渡る風にしなやかに振れながら花が咲きこぼれる様子から、古くは山吹のことを山振《やまぶり》といいました。

【山吹】
山麓や岸辺に咲き、日本各地や中国に分布。バラ科ヤマブキ属。開花は晩春～初夏。一重山吹はまれに白い花を咲かせますが、シロヤマブキとは別の花です。山吹の名所に京都府綴喜《つづき》郡の井出の玉川があり、奈良時代に聖武天皇に仕えた左大臣、橘諸兄が玉川の堤に山吹を植えたのがはじまりといわれます。

この「振る」とは、小刻みに動かすという意味で、そうすることによってものの生命力が目覚め、発揮されると考えられていました。古《いにし》えの人にとって、山吹色に輝きながら風に振れて生き生きと咲く情景は、まさに生命の息吹そのものに映ったかもしれません。

山振が山吹となったのは、「振る」と「ふく（揮く）」が、たとえば「鳴る」と「鳴く」のように近しい意味合いの言葉として使われていたために、「やまぶり」から「やまぶき」へ転訛したのではないかと想像しますが、本当のところはわかりません。

中国北宋時代の画家、郭煕が、春の山を山笑う、夏の山を山滴《したた》るとたとえたように、山吹とはあざやかに黄色く染まる山のようすのたとえであり、あたかも山の生命力が、咲く花の姿に乗り移ったかのような名前です。

われがなほ折らまほしきは白雲の八重にかさなる山吹の花

和泉式部

【郭煕】（かくき）一〇二三年ころ～一〇八五年ころ。中国北宋時代の山水画家。「春山淡冶《たんや》にして笑うが如く、夏山蒼翠《そうすい》として滴るが如し、秋山明《めい》浄《じょう》にして粧うが如く、冬山惨淡《さんたん》として睡《ねむ》るが如し」（『林泉高致』より）

【和泉式部】（いずみ しきぶ）九七八年～？。平安時代中期に生きた、日本の歌人の最高峰の一人。家集に『和泉式部正集』『和泉式部続集』。また、敦道親王《あつみちしんのう》との恋を記した日記文学『和泉式部日記』には、愛情に満ちた贈答歌がちりばめられます。

私がいまなお、折っても手にしたいと願うのは、八重に重なって咲く山吹の花に変わりありません。そう詠われた歌は、和泉式部の家集で、恋人を亡くし悲しむ二首の歌の間に置かれています。

生命力に満ちた山吹のさまも、実を結ばぬ花だといわれていることも、神々しい白雲という枕詞《まくらことば》や、無数、永遠を想起させる八重という語が織りなす天上に続くようなイメージも、すべて包み込みながら、この歌は亡き人の幻の命を夢見るようで、けれど悲しみを打ち明ける言葉はどこにもありません。ただ精妙な調べの歌心だけがたたずんでいます、山吹の明るさをたたえながら。

【白雲の】「八重」にかかる枕詞。幾重にも立つ白雲のイメージが「八重」の語へと続きます。

【折らまほしき】居《を》らまほしき、と音が通じ、「いまも恋人に生きていてほしい」という意味にも読めます。

つつじ燃《も》ゆ

幼いころ、公園の植え込みに咲くつつじの花を摘んでは、友達とその蜜を吸って遊んでいました。

ピンクの花は筒状で、先へ行くに従ってひろがるラッパ型になっていて、五弁花のように花びらの先が五つに分かれています。そのすぼんだ花の付け根に口をあてて吸い込むと甘い味がしました。

朱紅色や白、淡紅、紅紫など、つつじの花はくっきりと目をひく色をしています。古くから北半球に広く自生し、日本では早い時期から園芸品種が生まれてきました。その数は数百種になるとか、セイヨウツツジを含めると、いまでは二千種を超えるとか。

なかにはレンゲツツジといって、致死性の毒を持つつつじもあり、それが園庭に見かけられることもあるようなので、むやみに花の蜜を吸うのはやめておいたほうが無難かもしれません。

つつじは漢字で躑躅と書き、その字には足踏みする、たたずむといった意味があるそう。羊がつつじの花を食べたら毒がまわって足踏みしてもがき、ふらふらしたことが名前の由来とか。なのでこの躑躅というのは、レンゲツツジだけをいうとする説も。

【つつじ】
ただつつじというときは、山つつじのことで、四月～五月に開花します。ツツジ科ツツジ属。町で見かけるのはオオムラサキツツジが多いよう。

また花の美しさに思わず足踏みして留まり、見惚れてたたずむことから躑躅というとも。そのほか、次々に連なって咲くつづき咲きから転じて、つつじになったとか、花が筒状だから筒咲き、転じてつつじとかといわれ、名前の由来はさまざまです。

垣根や道沿いなど、身近な場所でよく目にする植え込みの花ですが、もともと自生する野山に咲く眺めを詠んだ句を。

松伐りし山のひろさや躑躅咲く　　飯田蛇笏

ふいにひらけた山に、わっとにぎわう花の姿が目に浮かびます。満開のつつじがあざやかな赤紫に染まるようすを、つつじ燃ゆ、といいます。「山で赤いのはつつじに椿」と言いならわされ、古くから野に山に生えていたつつじは、晩春から初夏にかけての風景としてなじみ深いものだったのでしょう。

【飯田蛇笏】
（いいだだこつ）
一八八五年～一九六二年。俳人。高浜虚子に師事し、山梨の山間で暮らすなか、格調の高い作品を世に出します。虚子主宰の俳句雑誌『ホトトギス』で活躍。句集に『山廬集』『椿《ちん》花《か》集』など。

死んだ人なんかゐないんだ。
どこかへ行けば、きつといいことはある。

夏になつたら、それは花が咲いたらといふことだ、高原を林深く行かう。もう母もなく、おまへもなく。つつじや石楠《しやくなげ》の花びらを踏んで。ちようどついこの間、落葉を踏んだやうにして。

林の奥には、そこで世界がなくなるところがあるものだ。そこまで歩かう。それは麓をめぐつて山をこえた向うかも知れない。誰にも見えない。

（立原道造「天の誘ひ」より）

ふと足もとを見ればそこにあるほど身近な花だとしても、その身近な、しかもただの花びらが、この詩ではどうしても、つつじや石楠でなければならない気がします。花の記憶が心のどこにしまい込まれているのか、どこまでも辿っていけそうな、つつじの不思議な奥深さです。

【立原道造】
（たちはら みちぞう）
一九一四年〜一九三九年。詩人、建築家。「歌のしらべ」に意を凝らした、ゆたかな叙情詩の書き手です。二十四歳で急逝。詩集に『萱草に寄す』『暁と夕の詩』『優しき歌 Ⅰ』『優しき歌 Ⅱ』。

牡丹《ぼたん》華《はな》さく

百花の王と呼ばれ、中国で愛でられてきた牡丹が、日本に渡来したのは奈良時代といわれます。紅、白、紫、黄などさまざまな花は、室町のころには新種がつくられ、江戸時代に大流行し、いまでは数百種も品種があるそうです。華やかな大輪を咲かせる花は、日本の文学では平安時代、『枕草子』に初めて登場しました。(第一四三段)

台の前に植ゑられたりける牡丹《ぼうた》の、唐めきをかしきこと、などのたまふ。

(台の前に植えられた牡丹が、唐風で素敵なことですよ、などとおっしゃいます)

そんな人気の花ですが、中国でも日本でも、牡丹は当初、薬草と見なされていたとか。それが唐の時代になると、牡丹の美しさが中国の人々にひろまり、着物や調度などさまざまな文様にあしらわれ、もてはやされます。けれども今度は、唐の国の繁栄とともに豪華さや贅沢ばかりを

【牡丹】
中国の北西部原産。落葉低木で、四月下旬~五月ごろに梢に花を咲かせます。ボタン科ボタン属。四月~五月に開花する春牡丹のほか、一月~二月に咲く冬牡丹、春と秋に花ひらく寒牡丹があります。

●牡丹華さく
七十二候で、牡丹の花が咲きだすころ。穀雨の末候(穀雨は、二十四節気で春の最後。穀物をうるおす春の雨が降るころ)で、春の最後の季節。四月末~五月初旬。

追求する文化が行き過ぎ、中唐の詩人、白居易は警鐘を鳴らします。浮かれた時流の代名詞のように牡丹が槍玉に挙げられてしまいました。

花開花落二十日　　花開き花落つ二十日
一城之人皆若狂　　一城の人狂えるがごとし

（「牡丹芳」より）

牡丹が咲いてから散るまでの二十日間、長安城内の人々がまるで狂ったように騒ぎ立てて、大臣たちは国政をおろそかにしている、といった手厳しい政治批判の詩です。

そのように唐で隆盛をきわめていたころ、奈良の都ではまだ牡丹の人気がさほどではなかったのか、『万葉集』や『古今和歌集』に牡丹の歌は一首も見当たりません。日本では牡丹の古名を、ふかみぐさといいますが、ふかみとは渤海と書いて、七世紀後半から十世紀初めにかけて朝鮮半島の北部にあった国、渤海《ぼっかい》のこと。ふかみぐさの名前からすると、牡丹は渤海から薬草として伝わったようにも思われますが、空海が中国

【白居易】
（はくきょい）
七七二年〜八四六年。唐の時代の代表的な詩人。白楽天《はくらくてん》とも呼ばれます。紫式部や清少納言もその詩を愛読したそう。

から持ち帰ったのが最初という話もあるようです。

牡丹の牡はオス、丹は赤のことで、牡丹とはオスの赤い花という意味になります。これは、たとえ赤い牡丹からできた種でも、必ずしも赤い花を咲かせず、同じ色の花を咲かせようと思ったら株分けしなければならなかったことから、オス＝子をなさないという名がついたといいます。

日本文化のなかで牡丹が花ひらいたのは、室町時代以降のこと。堆朱《ついしゅ》といって朱の漆《うるし》を何十にも塗り重ね、彫刻を施す彫漆《ちょうしつ》の技で牡丹が彫られた、見事な工芸品が中国から伝わり、また禅僧によって見事な牡丹の水墨画が描かれ、人気の文様として衣裳や調度品、襖絵《ふすまえ》などの主題に取り入れられました。富貴草《ふうきぐさ》という別名のある牡丹は、文字どおり富貴の象徴として好まれたといいます。

牡丹花は咲き定まりて静かなり花の占めたる位置のたしかさ
木下利玄

ですが、華やかで豪奢なイメージばかりが牡丹ではなく、花の盛りに

【木下利玄】

（きのした りげん）

一八八六年～一九二五年。歌人。佐佐木信綱に師事し、『心の花』に参加します。また志賀直哉や武者小路実篤と『白樺』創刊に参加。後年には、口語や俗語を取り入れ、平易で写実的な利玄調と呼ばれる詠風を確立します。歌集に『紅玉』『一路』『李青集』。

静けさを思わせる独特の存在感を放ちます。桜のように花の散りぎわに世の盛衰を重ねるでもなく、ただ艶《あで》やかな花の姿そのものに、明暗、動静、生死といった物事の両面を併せ持つような、器の大きい花なのかもしれません。

そんな牡丹の終わりを描く句に、

牡丹散《ちり》て打《うち》かさなりぬ二三片　　与謝蕪村

火の奥に牡丹崩るるさまを見つ　　加藤楸邨

がありますが、散って崩れて、それでもなお、威風堂々とした姿を思わせるところに、百花の王たる所以《ゆえん》があるのでしょうか。

咲くさまの華やぎのなかに静けさを感じさせる花だからこそ、散りざまにもまた、昇華されてゆく生命のまぶしさを放ってやみません。あたかも牡丹を愛でることは、たやすく盛衰も生死も分けられることのない、永遠の夢を心に抱くことにつながっているかのように。

【与謝蕪村】
60ページ

【加藤楸邨】
(かとう しゅうそん)
一九〇五年～一九九三年。俳人、国文学者。人の内面真理を重んじ、人間探究派と呼ばれます。句集に『寒雷』『火の記憶』『まぼろしの鹿』など。

【火の奥に……】
この句は戦時中、空襲をおそれて母を疎開させた直後に、自宅が戦火に焼かれたときのものです。戦争が暮らしにもたらすのは、この火のようなもの、と告げるよう。

晩春《ばんしゅん》の藤《ふじ》

たくさんの小さな紫の花がまとまった、いくつもの花の房が咲きにぎわう藤。その花房が風にゆれるさまを、藤波といいます。昔から日本に自生してきた山野の藤の眺めも、庭園に設けられた藤棚も、晩春に見頃となって優美な姿を楽しめます。

藤棚から垂れ下がる花房に群れなして咲くのは、紫や白色の、貝殻のような、蝶の羽のような四弁花です。花盛りのようすは歌に詠われ、『枕草子』や『源氏物語』などの古典文学に登場してきました。

藤の花は、しなひながく、色こく咲きたる、いとめでたし。

（清少納言『枕草子』第三十七段より）

【藤】
つる性の植物で、幹が十メートル以上にもなる落葉の低木です。マメ科フジ属。葉の裏に毛がないのが野田藤、軟毛が生えているのが山藤。平安時代に権勢を誇った藤原氏ゆかりの花で、宮廷で高貴な色とされた紫の花を咲かせます。

【清少納言】
（45ページ）

長く枝垂《しだ》れた花房に色濃く咲く藤の花が、ことにすばらしいと清少納言は紫の藤を好みました。そんな藤の名は一説によると、吹き散る、の意味からついたといわれます。

花の咲くころには、ウグイが子を持ち、ヒラベやアメノウオが旬を迎え、稗《ひえ》を蒔く時期が訪れると各地の自然暦が言い伝えます。藤の蔓《つる》は丈夫で、籐椅子や籐籠の素材となり、古来民具として暮らしのそばにありました。また茎の皮の繊維が藤紙になったり、根が飢饉《ききん》の非常食となったり、茹でた若芽の和え物や、湯がいた花の酢の物や天ぷらなどが日々の食卓にのぼったりと、さまざまに役立つ植物でもあります。

ただ藤というときは、野田藤のことを指しますが、ほかにも山野に自生する山藤があります。蔓が巻いていく方向が、野田藤は右巻き(時計まわり)で、山藤は左巻き。野田藤は棚づくりに適し、山藤は鉢植えに向いていています。

ていねいにつくり込まれた庭園で眺めるのもいいものですが、野山を散策して出会う藤の花も、春から初夏へ向かう陽気に満ちた季節の景色に彩りを添えてくれます。ですがその反面、人の手入れの行き届かなく

【ウグイ】
コイ科の川魚。春から初夏にかけて群れなして産卵します。

【ヒラベ】
アマゴのことを山陰地方でヒラベといいます。サケ科の魚で、海と行き来するものをサツキマスと呼び、川に残るものをアマゴといいます。

【アメノウオ】
サケ科の川魚で、ビワマスのこと。大雨の日に群れをなして産卵のために川をのぼってくることから、アメノウオ(雨の魚、鯇)とも呼ばれます。

なった山林では、藤の蔓が木々に絡まり、日の光をさえぎってしまっているそうです。

瓶にさす藤の花ぶさみじかければたゝみの上にとゞかざりけり
正岡子規

晩年の子規は病床にあり、畳に近い目線から部屋を眺め、窓の外を眺めて過ごす日々でした。瓶に挿した藤の花房が短く、畳の上に届いてこない、というただそれだけの情景をありのままに詠んだ歌は、いったい目に映ったどんな事物に心動かされたものだったのでしょう。

花房と畳の間には、なにもない空間がぽつんと、子規の前に現われます。花房は下へと垂れ下がろうとしつつ、畳はそれを受けとめようとひろがりつつ、花と畳の接することない空間が、歌に直接は詠まれていなくても静かに心に浮かんできます。

【正岡子規】（まさおか しき）一八六七年〜一九〇二年。俳人。俳句雑誌『ホトトギス』を創刊し、事物をありのままに詠む写生句を提唱し、いまに続く俳句の礎を築きます。また「歌よみに与ふる書」を新聞『日本』に連載し、『万葉集』の魅力を説きました。晩年『病牀六尺《びょうしょうろくしゃく》』など、日々の記に俳句観、写生観を織り交ぜた随筆を著しています。

花妻《はなづま》の百合《ゆり》

まっしろい六枚の花びらが、すらっと伸びてひろがる清楚な姿が印象的な百合は、テッポウユリ。ラッパ銃に似ていることからついた名前で、琉球百合ともいわれ、南西諸島から九州南部にかけて、四月ごろから咲きはじめます。

沖縄ではちょっとした道ばたにも、そよそよと風に吹かれながらゆれるテッポウユリを見かけますが、そもそも百合という名前じたい、細い茎の先に頭を垂れるように大きな花をゆらゆらゆり動かすようすから、ゆり、と呼ばれるようになったとか。

百合には大きく分けると四つのグループがあり、ひとつはこのテッポウユリ系。またひとつは、ヤマユリ系といって、花がふわっとひろがっ

【百合】
六枚の花弁（三枚の花弁と三枚の萼片）の花。ユリ科。ヤマユリ、コオニユリ、オニユリのユリ根（鱗茎《りんけい》）は食用になります。西洋でも聖書に登場するなど、百合は洋の東西を問わず、紀元前から親しまれてきました。

て、花弁の先端が反り返っている百合。そしてあまり花弁が反り返らず、星形や盃形をしているスカシユリ系に、くるんとカールしたように花弁がうしろに反り返った、球状のカノコユリ系。

そのカノコユリは、開花が七月から八月のせいか、七夕百合とも土用百合ともいわれます。江戸時代、オランダの医師シーボルトが帰国の際にこの花を持ち帰ったことが、ヨーロッパで百合の栽培が流行するきっかけになりました。

そんな百合の原生種が十五種も、昔から日本の各地に咲いていたそうですが、そのうち七種が特産種です。

たとえば、淡い桃色がかった花弁がかわいらしいササユリは、中部から九州にかけて咲く日本特産の代表的な百合ですし、白い花弁に黄色いラインと斑点が入ったサクユリは、花径が三十センチにもなる最大の百合で、伊豆七島にだけ咲きます。

昔を辿ると、日本の神話にも百合が登場します。『古事記《こじき》』には神武天皇に見初められた娘の話があるのですが、イスケヨリヒメというその美しい娘は、川のほとりに住んでいて、そこには百合が咲いていていました。

【シーボルト】
（フィリップ・フランツ・フォン・シーボルト）
一七九六年～一八六六年。ドイツの医師、博物学者。一八二三年、長崎・出島のオランダ商館医として来日し、西洋医学（蘭学）をひろめました。

【古事記】
日本最古の歴史書。その序によると、七一二年に太朝臣《おおのあそみ》安万侶《やすまろ》によって献上されました。

【神武天皇】
（じんむてんのう）
日本神話に登場する初代天皇（『古事記』や『日本書紀』による）。

天皇はイスケヨリヒメの河辺の家を訪れ、一夜をともにしました。その河を佐韋《さい》河というわけは、河辺に山ゆり草がたくさん咲くからです。それで山ゆり草の名をとって、佐韋河と呼ぶようになりました。というのも、山ゆり草はもともと佐韋という名前だったのです。

（『古事記』中つ巻より）

川の名の由来を語りながら、イスケヨリヒメが百合のように可憐で美しい、とたたえているようにも読めます。花のように美しい妻を花妻といいますが、花妻を百合にたとえる歌は万葉の昔から詠われてきました。

筑波嶺《つくはね》のさ百合の花の夜床《ゆとこ》にも愛《かな》しけ妹《いも》ぞ昼も愛しけ

大舎人部千文

（筑波山に咲くあのすばらしい山百合のように、夜の床でも愛おしい妻は、昼もまた愛おしい）

【イスケヨリヒメ】
大物主《おおものぬし》（大国主《おおくにぬし》）の娘で、神武天皇の皇后。

【大舎人部千文】
（おおとねりべ の ちふみ）
生没年未詳。奈良時代の防人《さきもり》。常陸《ひたち》（茨城県）の人。天平勝宝《てんぴょうしょうほう》七年（七五五年）に筑紫《つくし》に派遣されました。『万葉集』にこの歌を含めて二首が収められています。

万葉集　巻二十・四三六九

旅路《たびじ》の野茨《のいばら》

バラといえばヨーロッパの花だとばかり思っていましたが、もともとチベットや中国、中東などアジアに多くのバラが自生していて、それがヨーロッパへと伝わったそうです。中国の原種や中東の原種など、ワイルドローズと呼ばれる野生種が混じり合い、品種改良の末に、いまあるたくさんのバラの品種が誕生しました。

そうした原種のなかに、はるか古代から日本で自生していたものがあります。日本のバラの歴史は古く、兵庫県明石市で見つかったアカサンショウバラの化石は、百万年以上前のものだといわれています。

野茨もまた、古くから日本に咲いていた野生のバラです。花は純白や淡紅色の一重咲きで、野山や川辺を好みます。また寒さや

【野茨】
五月～六月に白や淡紅色の花を咲かせます。バラ科。つる性の落葉低木で、茎に鋭いトゲがあります。野薔薇《のばら》とも。

暑さ、乾燥や湿度、花の病などにも強く、バラの品種改良のための基本種として用いられてきました。

野茨の茨とは、トゲのある植物という意味で、枝や葉にトゲがあることが昔から人の印象に残ってきたことがわかります。

最も古い文献としては、八世紀初めに成立した『常陸国風土記《ひたちのくにふどき》』に、うばらという名前で野茨が登場します。そこで記されているのは、茨のトゲによって逆賊を討伐したというエピソードで、花の話は出てきません。

当時、うまらと呼ばれた野茨が『万葉集』でも詠われていますが、やはり花より茨のトゲに関心が向いているようです。

道の辺《へ》のうまらの末《うれ》に延《は》ほ豆のからまる君を別《はか》れか行かむ

丈部鳥

万葉集　巻二十・四三五二

道ばたの野茨に豆の蔓が這いつたって絡まるように、別れを惜しんですがる妻を置いて防人《さきもり》として九州へ行かねばなりません、という妻恋の

【常陸国風土記】奈良時代初めごろの、常陸国（いまの茨城県の大部分）の人々の生活のようすが記された地誌。七一三年に編纂され、七二一年に成立しました。

【丈部鳥】（はせつかべ のとり）生没年未詳。奈良時代の防人で、上総《かずさ》（いまの千葉県）の人。

歌とも読めますが、また、主君の子である若君が慕《した》ってくださるのに、そんな若君と別れて行かねばならないのか、という忠臣の葛藤の歌とも受け取れます。いずれにしても旅立ちの別れはつらいものです。

山野や川辺に咲く野茨は、旅人の目に映りやすいのでしょうか。旅路で出会った花のことを、江戸の歌人はこう詠みました。

旅衣《たびごろも》わわくばかりに春たけてうばらが花ぞ香ににほふなる

加納諸平

衣服がほつれてしまうほどの春の長旅で、いつのまにか季節は移り変わり、いまでは野茨の香りが匂ってきますと、旅情を詠う歌です。

衣のほつれという実感が、過ぎ行く春も、野茨の姿も際立たせます。ひとつの季節をまたぎ越す長旅の先で待っていたのは、茨の間に咲き香る花でした。

トゲにひっかけて衣を破き、ぼろをまとって旅を続ける、そんなこともいとわない充実感に満ちているような、野趣のある後味を感じます。

【加納諸平】
（かのう もろひら）
一八〇六年〜一八五七年。江戸後期の国学者、歌人。紀州藩の命を受けて『紀伊続風土記』『紀伊国名所図会』を編纂。また当代の優れた和歌を集めた『類題和歌鰒玉集』を刊行するなど、全国の歌壇を大いに盛り上げました。

卯《う》の花《はな》腐《くた》し

卯の花は、卯月（旧暦の四月）のころに咲く花という意味から名づけられたといいます。またウツギとも呼ばれますが、茎が中空になっているので、うつろの木と呼ばれ、それが縮んでウツギになったとか。そのウツギの木の花だから卯の花、という説も。

小さな白い五弁の花は、高さ二メートルほどの落葉木の、枝分かれしたいくつもの枝先に群れ咲きます。もともと日本の野山に自生していましたが、いまでは庭木や垣根に植えられることの多い花木です。

そんな卯の花は、たとえば『おくのほそ道』で白河の関という、古来数々の歌に詠まれ、歌枕として名高いところにさしかかる場面に登場します。

【卯の花】
開花は五月～七月ごろ。別名をかきみ草、雪見草、水晶花とも。アジサイ科。八重の花を咲かせるヤエウツギという品種も。

【おくのほそ道】
松尾芭蕉が弟子の河合曾良《かわいそら》と連れ立ち、東北、北陸をめぐった紀行文集。元禄十五年（一七〇二年）刊行。

中にも此関は三関の一にして、風騒の人、心をとゞむ。秋風を耳に残し、紅葉を俤《おもかげ》にして、青葉の梢《こずえ》猶《なお》あはれ也。卯の花の白妙《しろたへ》に、茨《いばら》の花の咲そひて、雪にもこゆる心地ぞする。

卯の花をかざしに関の晴着かな　　曾良

白河の関は奥州三関のひとつとされ、能因法師《のういんほうし》の秋風の歌や、源頼政《みなもとのよりまさ》の青葉と紅葉の歌が思い浮かぶ。道沿いにはまっしろい卯の花や、それに咲き添う白い野茨が続き、いまは初夏なのにまるで雪のさなかに関を越える心地がする、と松尾芭蕉は語ります。また曾良は、この関を通るとき衣裳をあらためたという古人の慣習をふまえつつ、せめて卯の花を髪にかざします、と詠んでいます。

万葉の時代から卯の花の歌は親しまれ、しばしば、ほととぎすとともに花鳥の生き生きした姿が詠われてきました。

【河合曾良】（かわいそら）一六四九年～一七一〇年。俳諧師。松尾芭蕉の弟子。

【能因法師の秋風の歌】「都をば霞とともに立ちしかど秋風ぞ吹く白河の関」（都を春の霞とともに発ったけれど、白河の関に来てみれば、秋風が吹いています）。能因法師は、平安時代中期の僧侶、歌人。

【源頼政の青葉と紅葉の歌】「都にはまだ青葉にてみしかども紅葉散りしく白河の関」（都を発つときは、木々にまだ青葉が茂っているのを見ましたが、白河の関にさしかかったいま、紅葉が道いちめんに散りしいています）。源頼政は、平安時代末期の武将、公卿、歌人。

五月山《さつきやま》卯の花月夜ほととぎす
聞けども飽かずまた鳴かぬかも
よみ人知らず

万葉集　巻十・一九五三

月の光に照る卯の花の、白い花むらを眺め、ほととぎすの声に耳を澄ます初夏の夜。そのひとときを深々と呼吸するように、ほっと味わう歌に感じます。

けれど山野に卯の花が咲き誇ったあとには、しだいに梅雨の足音が近づいてきます。卯の花を散らし、茶けたようすに変えてしまう雨を、卯の花腐《くた》しといいます。

一説によると、卯の花は正月や田植え前などの大事な時期に、地から邪気を祓う聖なる木で、その卯の花を腐らせる雨がすぐに降らないようにと、その雨にとくに名前がついたとか。

節目の日には、土をたたいて鬼やらいをするならわしが各地にありましたが、それに用いる杖を卯杖《うづえ》といって、ウツギの木などからつくったそうです。旅人にとって心やすらぐ白い野花は、恵みを祈って地を祓い清める霊木に咲く花でもあります。

すこしずつすこしずついのちが満ちる。
小満という名まえの季節が好き。

ちょっとずつちょっとずつ満ちては欠ける
月の移ろいを追いかけるように
野原はあかるみ、庭は影を浮かべ、

ちいさないのちをさがすよろこび
森に、川に、野辺に、道ばたに。

ささいなかすかな兆しがほころんでいくよ、
あちらに一輪、こちらに一輪と。

＊小満は二十四節気で、
夏の二番めの季節のこと。
五月下旬〜六月初旬。

あやめの梅雨《つゆ》入《い》り

あやめ、杜若《かきつばた》、花菖蒲《はなしょうぶ》、とそれぞれ違う花ですが、どの花もあやめと呼ばれ、混同されることがしばしばあるようです。

いずれあやめか杜若というように、どれもすばらしくて選ぶのに迷うことをいうことわざがあるほど、互いが互いによく似ています。

そんなことわざの由来は、『源平盛衰記』の恋物語ともいわれます。

あるとき源頼政が、菖蒲前《あやめのまえ》という美女に恋をします。しかしその菖蒲前は、鳥羽院《とばいん》に仕える身でした。それを知った鳥羽院は、頼政を試すことにします。背格好の似た美女三人を並ばせて、誰が菖蒲前か、頼政に選ばせたのです。

恋する相手とはいえ、宮中の恋。菖蒲前の姿を遠目から眺めるばかり

【あやめ】
花あやめとも。野山の草地を好み、日本、東アジアに広く自生します。五月～六月、紫や白、絞りの花を咲かせます。アヤメ科アヤメ属。

【杜若】
日本原生の紫の花。また青紫や白い花も。水湿地や水辺などに群生します。開花時期は五月～六月。

だった頼政には、装束まで似せた三人のうちの誰が菖蒲前かわかりません。そこでやむなく答えるかわりに、

　五月雨《さみだれ》に沼の石垣水こえて何《いずれ》かあやめ引《ひき》ぞわづらふ

五月雨に沼の石垣から水があふれ、あやめはどれなのか、引くことさえ思いわずらいますと歌を詠みました。すると鳥羽院は深く感じ入り、菖蒲前を頼政に賜《たまわ》ったといいます。（巻十六　菖蒲前事《あやめのまえのこと》）

　さえざえとした緑の、まっすぐの葉の間から花茎をすっと伸ばし、藍紫のあざやかな花をひろげるあやめは、五月から六月に開花します。

　花のかたちはやや複雑で、三枚の大きな花びら（外花被片《がいかひへん》）が垂れ下がり、もう三枚の花びら（内花被片《ないかひへん》）が上に伸び上がった独特な姿をしています。

　そして三つに分かれて横に伸びる花びらのような花柱（めしべの一部）があり、その花柱の下におしべがついています。

　あやめが咲いたら梅雨入り、という自然暦の言いならわしがあります

【花菖蒲】
日本原生のノハナショウブを原種とした、アヤメ属の園芸種の花。開花は六月ごろ。

●あやめ、杜若、花菖蒲の見分け方
あやめか杜若か、それとも花菖蒲かは、外花被片の模様で見分けられます。あやめには網目模様があり、杜若には白いライン、花菖蒲には黄色いラインが入っています。また、あやめは渇いた土に、杜若は水のなかから、花菖蒲は湿地に生えます。

【源平盛衰記】
源氏と平家の合戦を描く軍記物語。平家物語の異本。

が、花柱が傘の役目をして、おしべが雨に濡れないようになっているのは、梅雨時に咲く花にそなわった天性の知恵のよう。

また七十二候には六月下旬の梅雨の時期に、「菖蒲華《あやめはな》さく」という季節があります。

寝る妹《いも》に衣《きぬ》うちかけぬ花あやめ　　富田木歩

梅雨の冷える日でしょうか、病の床に臥す妹に衣をかけてやったという、その句を結ぼうとして浮かんだのは、あやめの花でした。

花にもし美を感じるとしたら、その美とは、人の心を映した鏡の像です。寒くないように、きっとよくなりますように、と願ったであろう兄の思いにあやめの花が重なるというのは、花のどんな美なのでしょう。

わたしはどうしても、そこにもうひとつのあやめが詠い込まれているように感じられてなりません。

昔はあやめというと、端午の節句にお風呂に葉を入れて菖蒲湯にする、サトイモ科の菖蒲《しょうぶ》のことでもありました。香りが邪気を祓うとされ、菖

【源頼政】
（106ページ）

【菖蒲華さく】
七十二候の夏の季節で、あやめが花咲くころという意味。二十四節気では夏至にあたり、六月末〜七月初旬のころ。

【富田木歩】
（とみた もっぽ）
一八九七年〜一九二三年。幼いころに高熱のため足が不自由に。木歩の俳号は、歩きたいと願って自作した木の足から。本名、一《はじめ》。関東大震災に遭い、二十六年の生涯を終えています。

蒲湯で身を清めたり、菖蒲葺《しょうぶふき》といって軒に菖蒲の葉を挿し並べたりするのがならわしでした。

妹の快復を祈る木歩の心が、健やかさに通じる菖蒲をも重ねての、花あやめという結句のうちに秘められているように思われます。

またさらに古くには旧暦五月の四日は、田植えをひかえた早乙女たちが一夜の家ごもりをして身を清める日とされていました。田植えは農業であると同時に、稲の豊作を祈る神事でもあったからです。そのような節目の日の禊《みそぎ》に用いられたほど、菖蒲は神聖な植物と見なされました。

郭公《ほととぎす》なくや五月のあやめ草あやめもしらぬ恋もするかな
よみ人知らず

ほととぎすが鳴く、そんな五月の菖蒲ではないけれど、文目《あやめ》（物事の道理）もわきまえず恋に落ちてしまいます、という『古今和歌集』のこの歌に詠われるあやめ草とは、サトイモ科の菖蒲のこと。

菖蒲もあやめも、名前の由来は、すらっと伸びた葉が交差しながら群

【菖蒲】

池辺や川辺などに生え、湿地を這う茎から、いくつも葉を伸ばします。根や茎は胃をいたわる漢方薬になります。香りがよく、邪気祓いの霊草として用いられます。サトイモ科。

古今和歌集
巻十一　恋歌一・四六九

れ生えるさまが文目模様のようだからとか。あるいはあやめには、垂れ下がる大きな花びらの中央に網目模様が入っているので、文目という名前になったともいわれます。

住吉《すみのえ》の浅沢《あささわ》小野のかきつはた衣に摺《す》り付け着む日知らずも

よみ人知らず

万葉集　巻七・一三六一

アヤメ属の花は、その清廉な姿が、愛しい女性への思いをかきたてるのでしょうか。あやめも杜若も恋の歌にたびたび登場します。

摂津（いまの大阪）は住吉の浅沢小野に咲く杜若、あの花を衣に摺り染めて着る日はいったいいつになることでしょう、と恋人を伴侶に迎える日を待ちわびる男性の気持ちが詠われます。

昔は杜若の花を衣に摺りつけて着物を染めたことから、かきつけばなと呼んでいました。それが転じて、かきつばたになったそうです。

紫陽花《あじさい》の七変化《ななへんげ》

紫陽花というのは不思議な花です。

梅雨のころに咲く青い花というイメージがありますが、それが心に残るのは、どうしてなのでしょう。

ひとつには、やはり雨と花の取り合わせが印象的で、雨に打たれながらも咲いている姿に心惹きつけられるのかもしれません。

ただ、それは花が散らないのではなく、花びらのように見えるのが、じつは萼《がく》です。その花びらのような萼がかたちづくる見た目の花（装飾花）に埋もれて、ほんらいの花（真花）はちょこんと小さく咲いています。萼は雨に降られてもそう簡単には散らず、枯れたあとにも茶色くなって残っているほどです。

【紫陽花】
アジサイの原種といわれるガクアジサイは、真花の群れのまわりを装飾花が囲みますが、アジサイ（ホンアジサイ）は、花序が球形になって咲く密集した装飾花（手まり咲き）の間に、真花が埋もれています。アジサイ科アジサイ属。六月～七月に花ひらきますが、真花の咲くときを開花時期とします。

紫陽花は、昔はあづさいといったそうですが、あづは集める、さいは真藍《さあい》の音が縮まったもので、藍色の小花が集まって咲いている、という意味だといいます。

花の色は青紫色にもなり薄紅色にもなり、同じ株でも植える場所が違うだけで、青系の花を咲かせた株が紅系の花を咲かせたり。

そんな不思議な色の変化の秘密ですが、どうやら植えられた場所の土の影響で色が変わるようです。酸性の土に植えると青系の花が咲いて、アルカリ性の土だと紅系の花が咲くといいます。紫陽花の花は、アルミニウムを吸収すると青くなるため、土に含まれるアルミニウム成分がよく溶けて、根から吸収しやすい酸性の土のほうが青い花が咲きやすいとか。

また別な理由から、紫陽花は七変化とも呼ばれます。はじめは黄緑色だったのが、だんだん青や紅に色づいていき、きれいに染まったあとは、青系の花も赤みを帯び、やがて衰えます。花を色づける成分を含む割合が、時期によって変わることから起きる七変化だそう。

なかでも、紫陽花とは別種とも亜種ともいわれるヤマアジサイの紅額《べにがく》という品種は、白い装飾花が日に当たると赤くなり、秋になると紅葉し、めくるめく色の移ろいです。

もともと紫陽花は、日本に自生したそうですが、原種はガクアジサイだといわれています。小さな真花がいくつも咲いているまわりを装飾花が囲むようすが、花を額縁に収めたように見えるため、額紫陽花という名前に。また、四片の萼からできている装飾花の中央にも、小さな丸い花があります。

ガクアジサイの真花には、小さいながらにめしべもおしべもそなわっていますが、装飾花の中央の丸い花にはどちらもありません。それゆえ真花のほうだけ実をつけます。

ですがガクアジサイが原種とはいえ、ふだん目にすることの多い紫陽花といえば、花（装飾花）がこんもりと丸くなっているものではないでしょうか。単にアジサイ、あるいは他と区別してホンアジサイというときは、その丸い紫陽花のことです。ガクアジサイからの変種とされますが、これも日本の原生種です。昔、日本から中国へ渡り、ヨーロッパまで伝わって品種改良され、セイヨウアジサイが生まれたそう。

ちょっとロマンチックなのが、ある紫陽花の学名に、愛する女性の名前をつけたというエピソードです。長崎の出島《でじま》で蘭学を教えたドイツの医師シーボルトは、日本人の女性と恋に落ちました。やがてヨーロッパへ帰国し、別れ別れになってしまったあと、シーボルトは恋人を思って、花の学名にotaksaとつけたといわれます。女性の名は、お滝さん。けれど、その品種にはすでに学名があったとされ、シーボルトの恋心のしるしは幻となってしまいました。

もともと日本に咲いていた花だから『万葉集』にもさぞたくさん歌われているだろうと思いきや、紫陽花の歌は二首しかありません。

あぢさゐの八重咲くごとく弥《や》つ代にを
いませ我が背子見つつ偲《しの》はむ
橘諸兄

万葉集　巻二十・四四四八

紫陽花が八重に咲くように、いつまでもお健やかにいらしてください。この花を眺めてはあなたのことを思いますから、とやさしい思いやりの込められた歌は、ややかしこまった感じもあり、招かれた客人が、家の

【シーボルト】
(98ページ)

【橘諸兄】
(たちばな の もろえ)
六八四年～七五七年。奈良時代の公卿。『万葉集』の撰者の一人という説も。

主人に贈ったものといわれます。

もちろん天の恵みでもあるわけですが、長い梅雨は物憂くもあり、そんなさなか道ばたに咲く紫陽花に行きあたると、あおあおとした葉まですがすがしく、心を明るませてくれます。そうした気持ちからでしょうか、いまの歌人がこんなふうに詠んでいます。

紫陽花の葉は広がりて門のそば野菜のごとく光を浴びる
前田康子

光を浴びる葉が、野菜のようといわれると、くすっとおかしみが湧きながら、花を観賞するばかりでなく生活そのものに紫陽花が入り込んでくるような不思議な近しさが浮かんできます。

梅雨というのは、年々によって重々しく感じたり、あるいは心楽しくなったり、雨続きの空がまるでそのときの自分の心情を写しているように思えることがありますが、そんな梅雨と連れ添うように、紫陽花から受ける印象というのも、花の色が七変化するように、さまざまに移ろう

【前田康子】

(まえだやすこ)一九六六年〜。歌人。日々の情景と、そのかたわらにある自然の風物を、静かな歌に写し取る歌風。塔短歌会所属。歌集に『ねむそうな木』『キンノエノコロ』『色水』『黄あやめの頃』。

ものなのかもしれません。こころという、これも移ろうものを、紫陽花にたとえた詩人がいました。

こころをばなににたとへん
こころはあぢさゐの花
ももいろに咲く日はあれど
うすむらさきの思ひ出ばかりはせんなくて。

（中略）

こころは二人の旅びと
されど道づれのたえて物言ふことなければ
わがこころはいつもかくさびしきなり。

（萩原朔太郎「こころ」より）

空でもなく、紅葉でもなく、紫陽花の色の移ろいのようなものがここ

【萩原朔太郎】（はぎわら さくたろう）一八八六年〜一九四二年。詩人。第一詩集『月に吠える』で口語象徴詩を打ち立て、日本の詩に新しい世界を切り拓きます。詩集に『青猫』『純情小曲集』『宿命』ほか。

ろなら、またあぐってくる明日や季節に思い馳せるよりも、ふと立ち止まってあのころを思い出すような、さびしさについこころが満たされてしまうのが、紫陽花のようだというのでしょうか。

それも紫陽花の、ひとつの顔です。

そして生命力に満ちた、みずみずしさというものも、草花の持つまたひとつの顔に違いありません。

廃駅をくさあぢさゐの花占めてただ歳月はまぶしかりけり

小池光

梅雨時か、梅雨明けの夏を迎えてなのか、なんのイメージも付け加えることなく、ただただ野花としてクサアジサイを眺める人のまなざしにこそ、歳月に感じるというまぶしさにもまして、光に満ちたまばゆさを覚えます。人の営みを終えた跡地にも、生き生きと植物はあざやかに。

【小池光】
（こいけ ひかる）一九四七年〜。歌人。その歌風は、目の前に現われるなんでもないような光景から、はっとさせる意味をとらえます。歌集に『バルサの翼』『廃駅』『日々の思い出』ほか。

【クサアジサイ】
直径六〜七ミリほどの白や淡紅色の花が集まり、萼片とともに小さな装飾花を一つ二つつけます。アジサイ科クサアジサイ属。開花時期は七月〜十月。

合歓木《ねむのき》と七夕《たなばた》

夜になると葉と葉が合わさって閉じ、眠りにつくようだから、ネムノキという名前になったそう。そのかわり、淡い紅色の花が刷毛のように細長いおしべをひろげて、夕暮れに咲きます。その花は夜明けにしぼんでしまうので、花は夜型、葉は昼型という不思議な木です。

そんな合歓木を『万葉集』の歌では「ねぶ」という名前で呼んでいます。眠るという言葉は、昔は、ねぶるといいました。

我妹子《わぎもこ》を聞き都賀野辺《つがのへ》のしなひ合歓木《ねぶ》
吾《わ》は忍びえず間なくし思へば

よみ人知らず

万葉集　巻十一・二七五二

【合歓木】
高さ六～十メートルほどの落葉高木。六、七月ごろに花が咲きます。マメ科。東北以南に見られます。

ふっくらと咲く合歓木のような、あの人のことを伝え聞いては、気持ちが抑えきれずいつもいつも思ってしまいます。と合歓の花の姿をやさしくとらえながら、恋する相手を素敵にたとえているこの歌には、募る思いの苦しさを感じつつも、どこか微笑ましく思えます。

そして歌にすっと入り込む合歓という文字は、ネムノキの中国での名称で、夫婦の夜の営みを表わします。葉と葉が夜によりそうさまを見て、昔の中国の人はそんなふうに名づけました。ちょっと大人ですね。

愛しい人と睦み合いたいという、健やかな思いのたけを率直に歌うことは『万葉集』ではそう珍しいことではありませんでした。

昔は七夕に、合歓木と豆の葉を川に流す、眠り流しという行事がありました。夏は田植えや草刈りなど、暑いさなかに大変な農作業で一日働きづめなのに、夜も暑くて寝苦しく、睡眠不足で疲れをためてしまいがち。つい昼間にうとうとと、こっくりしそうになります。

眠り流しは、そんな睡魔を流してしまおう、というならわしです。

合歓の葉を洗面器に入れて顔を洗うと眠気が覚めるとか、七夕の朝に七回水浴びすると健康になるとか、さまざまな慣習が七夕にはあります。

「ねぶは流れろ、まめは止まれ」

と言って合歓木と豆の葉を流しますが、これは眠気を流して、まめまめしく働けますように、と願ってのこと。七夕には星祭りだけでなく、夏バテ除けの意味もありました。

稲を育てるうえで夏は大事な時期ですが、むりをしては、からだがバテてしまいます。なので八十八夜から八朔（旧暦の八月一日）までは、仕事の中休みに、ひるねをしてもいいよ、という慣行が農家にはあったとか。もちろん農家でなくても夏の暑さはきついものです。大工や職人も、三尺寝といって、三尺（約九十センチ）ほどのスペースで仮眠をとる習慣がありました。

合歓は音読みしてコウカとも呼ばれていて、

「コウカの木の一番花が一番草、二番花が二番草、三番花が三番草」

という言いならわしが自然暦にはあります。合歓の花が初めて咲いたら、一回めの除草をする時期。それが二回、三回と続いていく力仕事ですから、ちゃんと眠って、しっかり休息をとっておかないと、暑い盛りの農作業はとてもからだがもちません！

半夏《はんげ》のひとやすみ

夏の暑い盛りがやってくる前に、この日までに田植え仕事を終わらせておくこと、といわれてきた日があります。夏至から十一日めの、半夏《はんげ》生《しょう》の日です。

昔は半夏半作といって、半夏生を過ぎても田植えが終わらないと秋の稲の収穫が半分になってしまう、という縁起のわるい言いならわしまでありました。

田植えはきつい仕事で、しかもいまのような田植え機がありませんから、お互いに手伝い、助け合って行なっていました。裕福な農家などは、田植えにたくさんの人手を雇ったそうです。

そしてぶじに仕事を終えたら、おつかれさまの意味を込めて、その田

【半夏】筒のようになった葉（苞）のなかに花や実がつきます。開花時期は五月～八月。苞からひょろりと長く伸びているのは花軸の先の付属体。サトイモ科。生薬は、つわりに効くとも。和名をカラスビシャクといいます。

んぼの主から手伝ってくれた人たちへ、半夏生の日にうどんがふるまわれる地方もありました。ちょうど稲の田植え時は、麦の収穫したてのころです。とれたばかりの小麦粉で打ったうどんは、いっぱい汗をかいて働いたあとで、どんなにおいしかったことでしょう。

半夏は、そんな時分にひょろっとした細長い姿で花（肉穂花序《にくすいかじょ》）をつけます。夏至というと、暦でちょうど夏のまんなかにくる季節であり、そのころに開花を迎える花だから、夏の半ばで半夏と名づけられたそう。田植えを済ませる目安といえば農家にとっては一大事で、農事暦として用いられる七十二候にも「半夏生ず」という季節があるほどです。

花の時期に掘り起こして、球茎の外皮や根っこをとり、水洗いして日干しにすると、それが半夏と呼ばれる生薬になるのですが、畑に繁殖すると、こまった雑草に。それでヒャクショウナカセなんて別名もあるくらい。とはいえ球茎をとってきて薬用として売れば、ちょっとした小づかいになったことから、ヘソクリとも呼ばれたとか。人間の都合で持ち上げられたり落とされたり、花にしてみればいいめいわくなあだ名です。

また、少々ややこしい話なのですが、半夏と名前が似た花で、半夏生

【肉穂花序】肉厚な花軸のまわりに、びっしりと小さな花が密集したもの。

【半夏生ず】七十二候の、夏のまんなかの季節。半夏が生えはじめるころという意味。夏至の末候。七月初旬ごろ。

の時期に咲くから半夏生草《はんげしょうそう》という花があります。白い小さな花と、緑がしだいに白くなる不思議な葉の持ち主。その半分白い葉が、半分だけお化粧をしたようだから、半化粧だという説もあるようです。

恙《つつが》なき雲つぎつぎに半夏かな　廣瀬直人

半夏生に雨が降ったら、大雨が続くといわれますが、そんな時期に空を見上げると、雲がゆうゆうと漂っていて、ほっとするような晴れた青空が。そこに半夏がすうっと伸びている情景の、なんとものどかな句です。

麦の刈り入れや、田植えを終え、農家が一息ついて休むこととされるのが半夏生。そこには仕事をひかえて家ごもりし、田の神さまに豊作を祈る、慎みの日という意味もあります。

ちなみに半夏雨とは、また一説によると、田植えが済んで農神さまが天へ帰る雨だといいます。

【半夏生草】
ドクダミ科。開花は七月ごろ。葉は半分にとどまらず、全面まっしろに。花が散るとまた緑に戻ります。別名、片白草《かたしろくさ》。

【廣瀬直人】
（ひろせ なおと）
一九二九年〜。俳人。飯田蛇笏、飯田龍太に師事し、俳誌『雲母』に参加。句集『風の空』で蛇笏賞を受賞。

紅花《べにばな》の初花《はつはな》

紅《くれなゐ》の初花染めの色深く思ひし心我忘れめや　　よみ人知らず

紅花の初花で深く染めた色のように深く、あなたを思ったあの初々しいころの心を、私が失くすはずがあるでしょうか。

『古今和歌集』の恋歌の巻に収められたこの歌が、千年以上の時を経て歌の心を運んでくるのはなぜでしょう。

恋歌なのにもかかわらず、この歌を味わっているうちに、むしろ恋心のたとえに過ぎないはずの紅の色の深みのほうが気になってきます。それはどんなに深い色だったのだろう、大切な恋心をたとえるほどの色の味わいとはどんなものだろう、と想像がひろがっていく感じがします。

古今和歌集
巻十四　恋歌四・七二三

【紅花】
紅《くれない》の花とも。花は初め黄色で、のちに赤くなります。原産地は定かでなく、一説にエジプトと。キク科。葉にトゲのない、トゲナシベニバナという品種も。

くれないとは呉《くれ》の藍、つまり中国から渡ってきた染め色という意味ですが、また、くれとは高麗のなまった発音ともいわれます。日本に紅花染めが伝わったのは飛鳥《あすか》時代のようですが、それ以前から中国、インド、エジプト、アフリカ……と、はるか昔から人は紅花を染めてきました。

そんな紅花には、花を包む総包《そうほう》や葉にトゲがあるので、摘み手はなるべく指を傷つけないように、朝露を含んでトゲがやわらかくなっている朝早くに花を摘みます。

花びらのように見えるひとつひとつは筒状花という小さな花で、一輪に見える紅花はたくさんの筒状花からできています。紅花は、古名で末《すえ》摘花《つむはな》とも呼ばれますが、小さな筒状花が末（外側）から順番に咲くのを摘んでいくことからついた名前といいます（また一説には、茎の末（先）に咲く花を摘むからとも）。

紅花の咲き色は全体的に黄色で、花の根もとのほうだけ紅がかっており、花は黄色の色素と紅色の色素を含んでいます。紅染めには、水に溶けやすい黄色の色素を抜いたあと、紅色になったものを用います。それで布を染めたり、口紅をつくったりします。

行すゑは誰《たが》肌ふれむ紅の花

松尾芭蕉

あそこに咲いている紅花は、これから染め色となり紅となって、誰の肌にふれることだろう、と詠まれた句には、艶《つや》めかしさを感じもします。では古来、衣や唇を粧《よそお》ってきた紅花はどんなふうに暮らしによりそってきたのでしょう。

昔から紅花は貴重な紅色の原料として栽培されてきた植物で、農事暦でもある七十二候では五月下旬ごろ「紅花栄《さか》う」という候に登場します。ただ、そのころはまだ開花の時期には早過ぎるようで、たとえば紅花の栽培が盛んな山形では「半夏《はんげ》の一つ咲き」と言いならわされ、七月初旬の「半夏生ず」の季節になってようやく、紅花がふわりと一輪咲きはじめるとされました。

もともと七十二候は中国から渡ってきたもので、古代中国では（あるいはその中国へシルクロードを通って紅花をもたらしたインドや西アジア、ひいてはエジプトなどでは）もしかしたら五月下旬が紅花の開花時期だったのかもしれません。

【松尾芭蕉】
（まつおばしょう）
一六四四年〜一六九四年。江戸時代前期の俳諧師にして、俳聖。蕉風という芸術性の高い詠風を確立します。『おくのほそ道』はじめ、俳諧紀行文に『野ざらし紀行』『笈《おい》の小文《こぶみ》』など。

【紅花栄う】
紅花がいちめんに咲くころという意味の季節。小満の次候。五月下旬。

【半夏生ず】
（130ページ）

逆に日本で紅花を育てようとしたとき、七月から八月に開花時期を迎える山形などは、梅雨時の雨で花がだめになるのを避けることができる、栽培に適した土地だったようです。

長く希少価値の高かった紅花ですが、明治以降になると中国からの輸入や、化学染料の台頭に押され、衰退の一途を辿ってしまいます。それが、紅花の種子からとれる紅花油にコレステロールを抑えるリノール酸が多く含まれることがわかって、食用としての栽培が見直され、盛り返しました。

染料になり、口紅になり、食用油になる紅花ですが、文学の方面では『源氏物語』の巻名のひとつにもなっています。鼻が赤いことから光源氏に、末摘花とあだ名される姫君が登場し、物語中最も美しくない女性として描かれます。それがのちの蓬生《よもぎう》の巻でふたたび現われたとき、源氏に長年放っておかれた間も、一途に待ち続けてきたことが明かされます。

不器用で無粋で古風で、けれど一途な末摘花の恋。それも、紅花になぞらえた恋のかたちのひとつです。

思いの深さや一途さ、肌にふれてそばによりそうものというイメージが詠まれ語られる紅花ですが、また異なる、そして鮮烈な紅花の姿があります。豪放磊落《ごうほうらいらく》でありながら、北国の冬の船が運んだという紅花のエピソードを下地にする、スケールの大きな叙事詩のような句。

雪の海底《うみそこ》紅花積り蟹となるや　　金子兜太

【金子兜太】（かねこ　とうた）一九一九年〜。俳人。戦後、前衛俳句の旗手として活躍します。第一句集『少年』で現代俳句協会賞を受賞。主な句集に『金子兜太句集』『早春展墓』『遊牧集』『東国抄』など。

蓮《はす》に浮《う》かぶ夢《ゆめ》

お寺や公園の池に、水面からすうっと持ち上がるようにして咲く蓮の花の間に、ぽこんと水の玉が、葉のまんなかにたまっているのを見かけると、ああ、夏がめぐってきたんだな、とつくづく感じます。

ひさかたの雨も降らぬか蓮葉《はちすば》に溜まれる水の玉に似たる見む

よみ人知らず

雨が降らないものでしょうか、蓮の葉にたまる水が、玉に似てきれいなようすを見たいものです、と『万葉集』に詠われているのを知ったとき、昔から葉にたまる水が好まれてきたんだとうれしさを覚えました。

【蓮】七月〜八月に白やピンクの花を咲かせます。ハス科。

万葉集　巻十六・三八三七

水面から空中へと伸びた茎の先に、ふくらみを帯びた花びらを何枚もひろげて蓮の花は咲きます。そして同じく水のなかから伸びる茎が、円形の葉を掲げます。

蓮の葉が水の玉をはじくのは、葉の表面が微細な凹凸状になっているからだそう。そのおかげで、葉が水に濡れずに済んで、ちゃんと呼吸することができます。

ふくよかな花はもちろんのこと、水面にひろがる蓮の群れや、葉に浮かぶ水滴など、蓮ならではの光景に心が浮き立ちます。

すぼめた両手をやさしくひらくように咲いたかと思うと、夏のほんの三、四日の間に散っていく花。

夜明けに蕾が初めてひらくと、その日の昼にはまた閉じます。二日めも夜明けに咲きだしますが、午後にはほとんど閉じてしまいます。そして三日めは夕方まで花ひらいているものの、午後から外側の花びらが落ちていき、四日めの午前中には花の命を終えます。

●古代蓮
一九五一年に千葉県で約二千年前のものと思われる蓮の実を発掘。翌年、大賀一郎博士がその古代蓮の開花に成功します（大賀蓮）。蓮は時代を超えて開花する、不思議な生命力の持ち主です。

夜の蓮に婚礼の部屋を開けはなつ　　山口誓子

花ひらく早朝の水辺ではなく、星や月を映す夜の水面の蓮に思い馳せる句です。閉じた蓮の花と、開けはなたれた婚礼の部屋。夫婦になる男女と、眠る蓮の静けさが添い重なるように感じられます。

泥のなかから咲いてなお汚れを知らない花として、蓮は古代インドで尊ばれ、数々の詩に歌われ、仏教では慈悲の象徴とされてきました。たとえば法華経のことを妙法蓮華教というように、仏の深い教え(妙法)を蓮の花(蓮華)にたとえています。俗世にまみれながらも清らかに生きることを願った人々にとって、蓮の花は理想の姿に映っただろうと想像します。

また一方で、蓮には暮らしに溶け込んだ身近な面があり、けっして崇められるばかりの遠い存在ではありません。

沼の蓮葉さへ花さへ売られけり　　小林一茶

【山口誓子】
(やまぐち せいし)
一九〇一年～一九九四年。俳人。俳句雑誌『ホトトギス』の黄金時代を築いた四Sの一人。のちに『馬酔木』に参加し、新興俳句運動の中心的存在に。

【小林一茶】
(こばやし いっさ)
一七六三年～一八二八年。江戸時代を代表する俳諧師。その作風は平易でユーモラスでありつつ、味わい尽くせぬ余韻を残します。

この一茶の句のとおり、蓮は葉も花も立派な売り物。葉は漢方薬にしたり、お盆には大切な飾りに使ったりします。花は観賞用のほか、ハス茶というお茶にもなったとか。

蓮には、小さな穴がいくつも空いた花托《かたく》が花の中心部分にありますが、その花托のなかにある種は果実として食べることができます。そして蓮の根っこ（地下茎）は、蓮根。栄養があって、おいしい冬の根菜です。

ちなみに蓮という名前は、花托が蜂の巣に似ていることからついたそうです。はちす、と昔呼ばれていたのが縮まって「はす」。

ほかにも蓮の花や葉にはそれぞれ名前があり、花の古名は芙蓉、葉は漢方では荷葉《かよう》、さらに葉を種類によって呼び分け、水面に浮かぶ葉は浮き葉、水上で茎一本に持ち上げられた葉は立ち葉といいます。

冬の蓮池を訪れると、枯れ姿のなかに、あらわになった蓮の花托がちらほら見られますが、寂しい光景というばかりでなく、はちすと呼ばれ、蓮の名前の由来となった姿は夏の名残りのようで、侘びた趣きを感じさせます。

ところで蓮と睡蓮の見分け方を知っていますか？

睡蓮の花は水面に咲き、蓮の花は水面から高く伸びた茎の先に咲く、という違いがあります。また睡蓮の葉は水面にひろがって浮かんでいますが、蓮の葉には水面からふわっと持ち上がった立ち葉があります（浮き葉もありますが）。

とはいえ、そうした区別はあくまで目安に過ぎません。

たとえば南国にはティナという熱帯の睡蓮が咲くのですが、水面から伸びた茎の先に花を咲かせます。あざやかなピンクやヴァイオレットで、花全体に陽光が満ちあふれているような明るい花です。

蓮にしても睡蓮にしても、地を離れて水面に浮かぶ姿は、どこか幻想的で、いくら眺めても見飽きることがありません。そして涼やかに咲くさまは、暑い季節の一服の清涼剤でもあります。

七十二候では七月半ばに、「蓮始めて開く」という季節が訪れます。


【蓮始めて開く】

七十二候で、蓮の花が咲きはじめるころという意味の季節です。小暑の次候。七月中旬。そろそろ梅雨が明ける時期。


【小暑】

梅雨が明けて本格的に夏になるころ。暑中見舞いは、小暑から送ります。

何があったかも
どんな気持ちだったかも
もうおぼえていない
でもあのとき見つめた
花のすがたは
いまもくっきり目に浮かぶ
まばゆい青空に
一点ただよう
わた雲みたいに

朝顔《あさがお》の日々《ひび》

朝早く咲く、美しい花という意味の、朝顔。日に当たるとしぼんでしまうので、眺める楽しみは早起きの得です。

朝顔に釣瓶《つるべ》とられてもらひ水　千代女

井戸に水を汲みに行くと、朝顔の蔓（茎）が釣瓶に絡まっていて汲めません。切ってしまうのもしのびなく、隣家へ水をもらいに行きました。とそんな情景が微笑ましく、いつのまにか覚えてしまう句です。

上句が「朝顔や」に詠み直された短冊も見つかっていて、味わいとしては「や」が入ったほうがよいともいわれますが、「に」も着想が率直

【朝顔】

夏至を過ぎ、徐々に日が短くなると咲く短日性植物。蔓は左巻き、蕾は右巻き。ヒルガオ科アサガオ属。


【千代女】

（ちよじょ）

一七〇三年〜一七七五年。江戸中期の加賀の俳人。加賀千代女とも。十代で才能を開花させ、広く世に知られます。

に表われていて、その初々しさが朝顔に合っている気がします。どちらとしても、花をいたわるやさしい心根を受けとっておきたいと思います。

七月から八月にかけて咲き、その時期が立秋にさしかかることから、朝顔は秋の季語とされています。小学校に入りたてのころ、みんなに種が配られ、鉢の土に蒔いたのも懐かしい思い出です。

アサガオの種を
いつもいつも蒔こうとおもっていて
夏の終りにようやく一粒を土においたという妻が
さっきまでこの部屋にねむっていた

鉢が小さかったから残った種は
アパートのまえの草地にばらまいたという

母親になったきみは平和を求めたにもかかわらず
与えられるのはひとつの権利だった
精神のやすらぎを欲したのに
みしらぬ義務を抱えこまされるばかりだ

出かけて後にひろがる子どもの声のぬくもり
そのふるえやゆらぎを失くさないようにと
おのれの声をみつめながら夜勤へと歩く

（竹内敏喜「スクリプト」より）

アパートの一室で、ベランダに蒔かれた朝顔の種は、いつしか芽を出し、蔓を伸ばし、早朝に花を咲かせるでしょう。その花を見上げながら、夜勤明けの女性がわが家へと帰っていく姿が想像されます。

この詩のなかで女性は、妻であり、母である毎日の、つかのまの休息のさなかに、花の種を蒔くことによろこびを見つけているようです。

日々の生活にとって、朝顔はなんて身近な花でしょう。そして朝顔が

【竹内敏喜】（たけうち としき）一九七二年～。詩人。静かな言葉づかいで、深く思索を進める詩風。詩集に『翰』『任閑録』『SCRIPT』など。

よりそう人の暮らしの、なんてあやうく、ささやかなことでしょう。

　朝顔が暮らしに溶け込んでいったのはいつごろからなのか、奈良時代に唐から種を持ち帰ったとも、平安時代に呉の船がもたらしたともいわれますが、当初、朝顔は観賞の花であるよりも、薬用の植物でした。牽牛子《けんごし》といって、朝顔の種を乾燥させたものが、漢方の下剤や利尿剤になります。そのため、牽牛《けんぎゅう》花《か》という別名が朝顔にはあります。たしかにあの黒い小さな粒の種を飲んだら、おなかを下してもおかしくなさそうな気がしますが、かなり効き目のつよい薬のようです。

　牽牛子の名前の由来は、開花が旧暦の七夕のころだからとか、とても貴重で高価な薬だったので、もらったときは牛を牽いてたくさんのお礼を持っていったからだとか。

　それが時代が下ると、花が愛でられ、観賞され、江戸の文化・文政年間（一八〇四年〜一八三〇年）には、朝顔が人気のピークを迎えます。園芸植物として品種改良が盛んになり、色も模様もかたちもさまざまな朝顔が生まれ、なかには黄色い朝顔もあったそう。朝顔売りが早朝の町を行き来するようになり、紺や桃色、白や紫、絞りなど、涼しげな花は庶民にひろまっていきました。
花びらをぎゅうっと紙に押しつけて、上からこすったりたたいたりすると、朝顔の花色に染まります。いろいろな色の花を並べて染めると、それだけできれいな朝顔のたたき染め。昔からの子どもの遊びです。
暑い盛りに、家々の軒先にみずみずしく咲いて、朝の散歩を楽しませてくれる花ですが、早朝という時間をかけがえなく思うのは、すがすがしく青みがかった光が、さあっとわずかな間に白く照り映える昼の明るさへ切り変わり、あえなく消えいってしまうせいではないでしょうか。

朝顔の紺の彼方の月日かな　　石田波郷

一日のはじまりにつかのま咲く花は、朝そのものであるかのようです。朝顔の紺の彼方を見つめる青年のまなざしは、朝という一線を境にして、過去の月日も未来の月日も見晴らしていきます。

【石田波郷】（いしだ はきょう）一九一三年〜一九六九年。俳人。水原秋櫻子の主宰誌『馬酔木』に投句し、やがて門下を代表する俳人に。俳句は生活そのもの、として人間探究派と呼ばれます。

浜木綿《はまゆふ》と白波《しらなみ》

はるか南の島から流れ着いたという花があります。昔々、インド洋を越え、南太平洋を黒潮に運ばれて、やがて日本に根づいたとか。沖縄や南九州、紀伊や伊勢、伊豆、南房総など、関東以南に自生して、七月から八月の夏まっさかりに浜辺に群れなす、まっしろい花。

浜木綿という名前のその花は、乱れ髪を思わせるように、花びらを細くくるんと巻きひろげて咲きます。

そんな花の姿が、神社の巫女や神主が祭祀に用いる白いひらひらした幣《ぬさ》の紙垂《しで》に似ており、その紙垂が昔は木綿《ゆふ》（楮《こうぞ》の繊維でできている布）でつくられたことから、浜に咲く木綿のような花という意味で、浜木綿と名づけられたそう。

【浜木綿】
太い幹のようにまっすぐに立つのは偽茎といって、葉のつけ根が筒状に重なったもの。そこから葉が伸び、葉の間から花茎が出て、六枚の花弁の白い花が傘状にいくつも咲きます。ヒガンバナ科。

南国のまぶしい光を浴び、白と緑のさわやかな花の色合いが白砂の浜辺にくっきりと映えながら風になびく光景は、すっと暑さを忘れさせるようなすがすがしさ。それが一転、夕暮れ時になると香りをつよく放ちはじめ、甘やかな芳香に引き寄せられた虫たちが花粉を運んでいきます。

紀伊の熊野が浜木綿の見どころとして有名ですが、『万葉集』に一首だけ詠まれた歌は、その熊野が舞台です。

み熊野の浦の浜ゆふ百重《ももへ》なす心は思《も》へど直《ただ》にあはぬかも

柿本人麻呂

万葉集　巻四・四九六

熊野の浦に、無数に群れ咲く浜木綿の花は、まるで寄せては返す白波のようでもあり、そんな浜の光景のように私の心は幾重にも咲き乱れ、また何度となくくり返し、あなたのことを思いますが、じかに会うことはできないのですね。

旅先で詠ったこの歌は、人麻呂の心情の表われでもあったでしょうし、紀伊の国への行幸につき従った歌人として、仲間の心を代弁するように

【柿本人麻呂】（かきのもと のひとまろ）生没年不詳。飛鳥時代の歌人。『万葉集』に長歌十九首、短歌七十五首が収められる、七世紀後半から八世紀初めにかけて活躍した歌聖。

詠んだ歌でもあったことでしょう。そうした背景を想像しながら歌を受け取ると、百重なす心とは、旅人たちが都の妻や恋人に会いたいとそれぞれに恋い願うさまそのものとも思えてきます。

また浜木綿は、あおあおとした葉が肉厚でまっすぐに伸び、万年青《おもと》に似ていることから、別名を浜万年青《はまおもと》とも。

その万年青といえば、厚みのある深緑の葉を伸ばす植物で、さまざまな葉のかたちや模様の入った園芸種が生み出され、江戸時代や明治時代などに大変なブームを呼んだ古典園芸の観葉植物です。

葉に白い部分のある斑《ふ》入《い》りや、広葉《ひろは》、細葉《ほそば》、剣葉《けんば》、竜葉《りゅうば》など葉のかたちが変わったもの、それらの葉芸を楽しむ品種は千種以上にものぼるそう。

万年の青という名のとおり、常緑の葉は災いを防ぎ、永遠の繁栄をもたらす縁起のいい植物として好まれてきました。

祭祀に用いる神聖な木綿や、縁起物の万年青になぞらえた浜木綿、浜万年青という花は、つくづく人に好まれ愛されてきた花だろうと、その名前からうかがえます。

【万年青】日本や中国に自生した植物。人々に園芸として親しまれるようになってから四百年以上の歴史があるとか。スズラン亜科。

芭《ば》蕉《しょう》の侘《わ》び

ひろげれば人さえ包み込めそうなほど、細長く大きな楕円形の葉が、何枚も垂れ下がった姿が印象的な芭蕉。木のようにも思えますが、多年生の草花です。

地からまっすぐ伸びる幹のようなものは、葉(葉鞘)が重なり合った偽茎で、葉を四方八方に傘のようにひらきます。偽茎の中心からさらに花をつける花茎が伸びていき、七月から八月に開花の時期を迎えます。

カーブを描いて偽茎の頂からぶら下がる花茎を眺めると、目立つのは大きな黄色い卵のようなもの。それは葉が変化した苞《ほう》といって、何枚も重なってなかに花を包み込んでいる、いわば花のラッピングです。

玉ネギが外側から剥けるように、苞が剥けると内側に包み込まれてい

【芭蕉】
高さ二〜三メートルで、葉は幅五十センチ、長さ一〜一・五メートルほどと、かなり大きい草花。毎年生えては花を咲かせ、実を結ぶ多年生です。バショウ科。

た花が現われます。その花には雌花と雄花があり、苞の基部のあたりに雌花が先に咲き、さらに花茎が伸びては苞がめくれて、次々と雄花が咲き現われてきます。

めくれた苞の根もとに並んでいるのは、二列になってふさふさと房状に顔を出した、細長い黄色い花たち。十五個ほどの花がまとまった花房は、めくれた苞が落ちると、それまでおとなしくうつむいて並んでいたのが上向きに変わります。

もとは中国からやってきたといわれ、熱帯の気候で育ちますが、寒さに耐性のある芭蕉は、関東から九州にかけての温帯にも見られます。

芭蕉野分《のわき》して盥《たらい》に雨を聞《きく》夜《よ》哉《かな》　松尾芭蕉

松尾芭蕉の名前はこの花からとっており、深川に居を置いたときに門人から贈られた芭蕉にちなんで「芭蕉」の号を用いるようになったとか。大きな葉でもたやすく風に裂ける他愛なさを好み、侘び住まいのさなかに自身の生き方を見つめたようです。

【野分】
台風のこと。

【松尾芭蕉】
（135ページ）

●芭蕉庵の芭蕉
以前の庵から新しい庵へ、庭の芭蕉を移したことがこう書かれています。「適《たま》適《たま》花さけども、はなやかならず。茎太けれども、おのにあたらず。（中略）ただそのかげに遊びて、風雨に破れやすきを愛するのみ」（「芭蕉を移す詞」）
花は地味で、茎は太くも斧で切るほどではなく、葉は風で裂けやすい。そんなさまに感じ入り、俳聖は芭蕉を愛でていました。

芭蕉の仲間には、沖縄に生える糸芭蕉（琉球芭蕉）があります。昔から沖縄では、糸芭蕉の繊維を用いて織り上げる芭蕉布が暮らしに親しまれてきました。風合いが心地よく、無地織りの薄茶色も琉球藍の染め色も味わい深く、軽やかで繊細な織物です。

またバナナも同じバショウ科の仲間です。食用バナナの原種にあたるムサ・バルビシアナという東南アジアの芭蕉は、糸芭蕉と同じものだとか。バナナにはさまざまな種類がありますが、昔はバナナのことを総じて実芭蕉と呼んでいました。

芭蕉より小ぶりで、あざやかな朱色の苞に黄橙色の花を咲かせるものに、姫芭蕉（花芭蕉）があります。九州の南端には野に咲いていることがあるそうです。

島の子と花芭蕉の蜜の甘き吸ふ　　杉田久女

【杉田久女】
（すぎた ひさじょ）
一八九〇年〜一九四六年。俳人。『ホトトギス』の同人として活躍しますが、主宰の高浜虚子により除名。才能ある久女の盛衰はドラマチックにも見え、松本清張『菊枕』をはじめ数々の小説や演劇のモデルになりました。フィクション上の奔放な女性像が一人歩きしている感も。

鷺草《さぎそう》の悲恋《ひれん》

風が吹き鷺草の皆飛ぶが如《ごと》　高浜虚子

日当たりのいい湿地で、そよそよと羽をはばたかせるように風に吹かれる鷺草は、かつては日本の北端を除くさまざまな地方に見られたそうです。

花の径は三センチほどの小ささで、遠まきに眺めると翼をひろげた白鷺のようなかたちをしていて、ふれたらこわれそうな花。

白い鳥の姿をした花は、唇弁《しんべん》という一枚の花びらでかたちづくられています。三枚ある花弁のうち、中央手前の一枚が唇弁で、ほかの二枚よりも広くて大きな花びらです。

【鷺草】
すうっと十五～五十センチほどにも伸びた茎の先に、一～三輪ほどの花を咲かせます。開花は七月～八月。ラン科。

【高浜虚子】
（たかはま きょし）
一八七四年～一九五九年。俳人。正岡子規に師事し、事物をありのままに写し取る客観写生を説きます。俳句雑誌『ホトトギス』を主宰。

その鳥のかたちをした唇弁の広くて大きいかたちは、虫が着地して花の蜜を取りやすいように（そして花粉が虫に運ばれるように）進化した形状といわれます。唇弁はラン科の花の特徴ですが、花びらの先が翼のようにひろがり、さらにその先が細かく裂けて羽根の一枚一枚に見えるのは鷺草ならではです。

もうひとつ、鷺草で印象的なのは、花の根もとからカーブを描いて垂れ下がる距《きょ》です。緑色のストローのような距の先には、花の蜜がたまっています。

なぜそんなにも白鷺をほうふつとさせる姿をしているのか、精緻な工芸品のような複雑な仕組みが小さな花のなかにつまっているのか、見れば見るほど不思議です。その不思議さに惹き込まれるように、鷺草にまつわる民話は各地で言い伝えられてきました。

たとえばこんな悲恋があります。

身分の違う若者と娘が川を渡って逢瀬をしていたところ、ある夜、雨続きで川の水かさが増しており、橋が流されていました。娘に会いたくてたまらず、橋のかわりに石づたいに向こう岸へ渡ろうとした若者は、流れに呑まれてしまいます。それを悲しんだ娘も川に身を投げたあと、二人の魂が天へのぼった証《あかし》か、花になって結ばれたのか、川辺に咲いたのが鷺草の白い花でした。

また、こんな鷺草の伝説も。

殿様に特別の寵愛を受けた姫がいましたが、やがて周囲の妬みや殿様の疑心暗鬼から、姫は身重の身で城を追いやられてしまいます。身の潔白を証すために自害した姫は、その思いのたけを文にしたため、一羽の白鷺の足にくくりつけて放ちます。けれど白鷺は鷹狩りに遭い、力尽きて野辺に咲く鷺草となりました。

あまりにも繊細ではかなげな花だからこそ、人の心に残るとき、悲恋や悲劇の物語が生まれるのかもしれません。

民話の川辺も野辺も、鷺草が自然にすくすくと育つ日当たりのいい湿地は、土地開発によって失われる一方です。さらに数少なくなった鷺草の自生地でも、訪れた人が我も我もと花を摘んでいき、全国で絶滅が危惧される状況になっているそうです。

●常盤姫《ときわひめ》と白鷺伝説
姫が命を落とす物語は、東京・世田谷の言い伝え。鷺草は世田谷の区の花です。かつてはたくさんの鷺草が自生したそうですが、残念ながらいまでは自生地はなくなってしまいました。

ひとしずくの露草《つゆくさ》

露草は昔、月草と呼ばれていました。でも、月にまつわる花かと思えばそうではなくて、もともと着《つ》き草と書いたとか。

どこの道ばたにもひょっこりと、青い小さな花びらをのぞかせる露草。その青い花びらのしぼり汁を布に摺り染めていたから、色が着く花と。

いかにもすぐに色褪せてしまいそうな染め方だなと思うと、やっぱりそうで、月草といえば、きれいに染めてもたやすく色が落ちてしまい、花の命も半日ほどで、はかなく移ろいやすいものと詠われてきました。

つき草に衣は摺らむ朝露にぬれての後はうつろひぬとも

よみ人知らず

万葉集　巻七・一三五一

【露草】
道ばたなどで見かけられ、青や白、淡紅色、青と白の混じった花色などの花を咲かせます。開花時期は六月～九月。ツユクサ科。友禅染めには、露草の仲間で、露草よりひとまわり大きなオオボウシバナ（アオバナ）が使われています。

『万葉集』に九首詠まれている露草は、それほど昔から人々になじみがあったことがわかります。

ただでさえ色褪せやすいうえに、雨などで濡れたらすっと色落ちしてしまいますが、それでも、たとえ朝露に濡れるだけで移ろう色だとしても、やはり露草で着物を摺り染めたい、と胸のうちを告白するその歌に込めた思いは、いったいどこから来たのでしょうか。恋が短命に終わる予感。それを露草に託して歌ったのかもしれません。はかないものの美。そのなににもかえがたい露草のきれいなブルーで、着物を染めたかったのかもしれません。

つぶらに青く、ささやかに咲く野の小花にたとえた恋の歌には、せつなくも、けなげな恋心がせつせつと感じられますが、心もとない不安だけを歌っているのではなく、縹草《はなだぐさ》とも呼ばれるブルーの美しさが、思いの一途さをも際立たせています。

ならいっそ、そんな青い小花の咲いているようすそのものを、高らかに詠んだものはないかな、と思うとこんな句が。

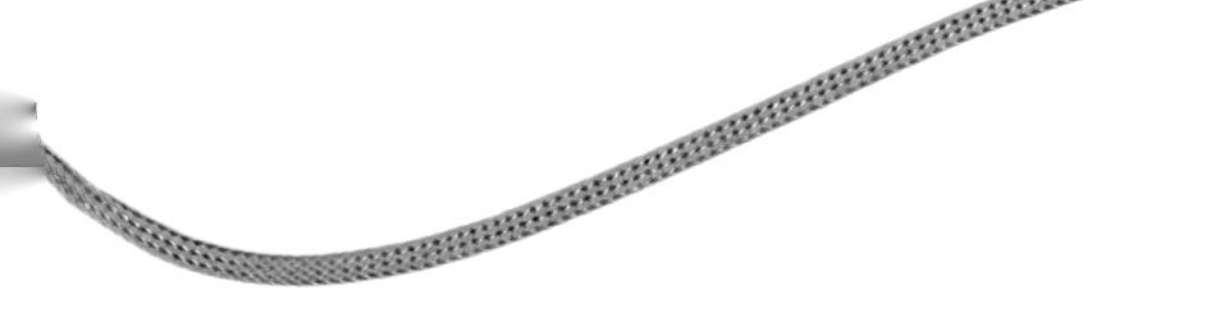

露草の露千万の瞳かな　　　　富安風生

朝露がおりてから消えるまでの、半日しか咲かない花だから、露草という名前になったとも。ふわっとひろげた青い二枚の花びらと、白い小さな一枚の花びら。蝶が羽をひろげたようなその花におりる朝露が、日を浴びて輝くと、まるでつぶらな瞳のよう。

野原いちめん、あちこちに咲く露草の一輪一輪にキランと輝く朝露が浮かび、あたかも千万もあるたくさんの瞳だ、と詠んでいます。

ちょっと大げさなようにも思いますが、いくつもの露草が朝露に光っている情景を思い浮かべてみると、小さな青い花が生き生きと咲く生命力に、こちらまでうれしくなってきます。

ちなみに露草の青い色素は水に溶けやすく、友禅染めの下絵の染料に使われます。朝露とともに咲き、露草の名で呼ばれ、きれいなブルーが水に溶けて美しい染め物に変わるなんて、露草はその名のとおり朝露の恵みのような花です。

【富安風生】（とみやす ふうせい）一八八五年〜一九七九年。俳人。高浜虚子に師事し、『ホトトギス』の同人に。のちに水原秋櫻子たちとともに『馬酔木』に参加。植物に詳しく「植富」（植木屋の富安）というあだ名も。

ほおずきの灯《ひ》

ほおずきの赤い皮のような萼をはがして、なかに入っている実を取り、ぎゅ、ぎゅ、と口のなかで鳴らす遊びを、昔は子どもがよくやっていました。実をよく揉んでやわらかくしたら、ぷつんと小さく穴をあけ、中身を取ります。そうして空洞になった実をぷっとふくらませて、口に含んで鳴らしたのでした。

一説によると、実をほおばって鳴らすその遊びのようすから、頬突きとか頬付きとかいう意味で、ほおずきと呼ばれるようになったそう。

でもなんだか萼をはがしてしまうのがもったいない気がしてしまい、提灯のまま手のひらで転がしたりしていました。小さな赤い紙風船みたいで、それもまた幼い日のおもちゃのように。

【ほおずき】
熟した実の赤い色から、古名を輝血《かがち》と。『古事記』には、ヤマタノオロチの瞳が輝血のようだという描写があるなど、古くからあった植物です。ナス科。原産は東南アジア。なかには食用のほおずきも。

『母さん。』と小娘がその母親のところへ告げに行きました。『このほゝづきを鳴るやうにして下さい。』
(中略)この娘が母親のところへ持つて行つて見せたのは、実をつゝんだ莢《さや》も紅く黄ばんだ色に染まり、その中から可愛らしい実が顔を出してゐました。母親はその実をとつて、よく揉み、すつかり種を掘り出しましたら、丸い珠のやうにだんだんふくらんだやつが生まれて来ました。母親はそれを自分の口に入れて、娘のよろこぶ顔を見ながら鳴らして見せました。

(島崎藤村『力餅』「ほゝづき」より)

ほおずきは鬼灯と書いて、鬼火につうじる名前です。鬼火というと、野の暗がりにふうっと浮かび上がる、不思議な炎の明かり(人や動物の霊とも)のことですが、ほおずきの赤い実が、どこか幻想的な赤い提灯を思わせることから、そんな漢字があてられたとか。

鬼灯を地にちかぢかと提げ帰る　山口誓子

【島崎藤村】(しまざき とうそん)一八七二年～一九四三年。詩人、小説家。浪漫派詩人といわれ、詩集『若菜集』などを発表。のちに『破戒』『春』などの小説を書き、自然主義作家に。「椰子の実」の詩は、歌としても親しまれています。

【山口誓子】(141ページ)

お盆になると、枝つきの赤いほおずきの実を盆棚に飾るならわしが昔からあります。それは、ほおずきをお盆の提灯に見立てたものでした。ご先祖の霊を家にお迎えするための目印になるのが提灯の明かりの役割で、ほおずきを供えるのもお迎えの準備です。

ことに赤い実が印象的なほおずきですが、六月から七月ごろ、淡黄白色の花を咲かせます。その花の終わりに、萼が提灯の外側のようにふくらみ、なかに実をつけます。初めは青かったのが、熟すにつれて赤くなります。

七月九日、十日には浅草は浅草寺で、ほおずき市が立ちます。その七月十日は、観音さまにお参りすると、ふだんの四万六千日分のご利益《りやく》があるという功徳《くどく》日。ほおずきのほかにも、金魚すくいや風鈴など江戸情緒あふれる楽しい市です。そこに並ぶ青いほおずきは、幼い子の虫封じになるというのが、言いならわし。

爪先染《つめさきそ》める鳳仙花《ほうせんか》

爪紅　　　北原白秋

いさかひしたるその日より
爪紅《つまぐれ》の花さきにけり、
TINKA ONGO の指さきに
さびしと夏のにじむべく。

註。TINKA ONGO. 小さき令嬢。柳河語。

それは、昔からある女の子の遊び。赤い鳳仙花の花びらを摘み、よく揉んで爪にあてて苧麻《ちょま》の葉などで巻いておくと、爪に花びらの色が移っ

【鳳仙花】
夏の終わりから秋の初めにかけて、紅や白、ピンク、紫、赤や紫と白の絞りの花が咲きます。ツリフネソウ科。花の名前は、漢名の鳳仙華を音読みしたもの。花の姿が伝説の鳥、鳳凰が羽ばたくようだから、と。

て赤く染まります。

だから鳳仙花は爪の紅と書いて、つまくれない、つまぐれ、つまぐろ、といった名前でも呼ばれていました。

「爪紅」という詩は、鳳仙花の詩です。

そして北原白秋の故郷、福岡の柳川《やながわ》の方言では、女の子のことをおんごといいました。方言をアルファベットで、ONGOと綴っただけなのに、まるで異国の言葉のようです。白秋がつけた註でも、柳川弁とはいわずに柳河語といっています。遠い記憶の故郷を思い浮かべるとき、そこは、この世のどこともつながりのない特別な時間が流れる幻想の国であるかのように。

そんな白秋の描いた幻の里では、友達とけんかをして一人ぼっちになってしまった少女の指さきに、夏のさびしさをにじませる、紅色の鳳仙花がそっと咲きます。

実際に染めるときには、花びらとかたばみの葉を混ぜて、石でたたいてつぶし、汁がにじむようになってから爪にあてるとよく色がつきます。

そうやって染めた爪の紅が、初雪の日まで消えなかったら恋が成就する、

【北原白秋】
（きたはら はくしゅう）
一八八五年～一九四二年。詩人、歌人。「ゆりかごのうた」「この道」「ペチカ」などの童謡作家。『邪宗門』『思ひ出』などの詩集を発表し、近代詩人を代表する一人に。また歌集に『桐の花』など。

というジンクスが韓国にはあるそう。

沖縄では鳳仙花のことをてぃんさぐといいますが、これも爪紅と同じ意味です。てぃんは手(爪)、さぐは綾で、爪に綾を染める花のこと。島では幼いころからよく耳にする「てぃんさぐぬ花」という、ゆったりとした曲調の民謡があります。

てぃんさぐぬ花や　爪先《ちみさち》に染《す》みてぃ
親《うや》ぬゆしぐとぅや　肝《ちむ》に染みり

鳳仙花の花は爪先に染めるけれども、親の言うことは心に染めておくんだよ、とやさしく波打つようなメロディで語りかける歌。

同じ紅でも、紅花は貴重で、たやすく手の届かない色。道ばたに咲く鳳仙花なら、誰にでもいつでも手の届く色。白秋の詩も琉球民謡も、どこか繊細でいて温かく感じられるのは、鳳仙花が小さなもの、幼いものによりそう花だから。

●仙人がくれた花
鳳仙花にまつわる伝説がありります。木こりが山で道に迷っていると、鳳仙という仙人が助けてくれました。鳳仙は壺のなかから、魚を釣り上げて木こりに食べさせました。元気になった木こりが、鳳仙からもらった種を家に帰って植えると、美しい花が咲きました。

今年いちばん暑いと思う日の午後
すうっと足もとを涼やかな風が流れていく
ああ　このとき　訪れるんだろう

気づけば日暮れが早まって
　となりを歩く影ぼうしが向こうまでのびて
　ああ　このとき　見つけるんだろう

穂波をゆらす
　ささやかなけはい

朝露がおりる
　しずかな予兆

松虫草《まつむしそう》と虫聞《むしき》き

まつむしが鳴くころに咲く花とも、まつむしが好む野原に咲く花ともいわれる松虫草。

八月から十月ごろ、まつむしがピリリィと鳴き声を野辺に響かせるのと、ちょうど花ひらく時期が重なります。暮れかかる空の下、初秋の野を歩く人の心に、虫も花も一体となって響いたのではないでしょうか。

淡い紫の小花が群れなす（頭状花）まわりに、細長い花（舌状花）が幾重にも花びらのようにひろがります。さまざまな小花が集まって一輪の姿をかたちづくる花です。

ひらけた草地に、草丈六十～九十センチほどの茎がふわりと伸びて、その先に花がゆらゆらと。

【松虫草】
山や高原の草地の、日当たりのいい場所を好みます。マツムシソウ科。日本に古くから原生する野花ですが、最近は数が少なくなって、絶滅さえ危惧されています。

夏の盛りを過ぎ、山野へ散策に出かけた折にこんな花に出会えたら、きっとうれしい秋告草だろうと思います。

松虫草膝でわけゆく野の起伏　　中沢文次郎

野へ出かけて虫の声を楽しむことを、虫聞きといいます。江戸のころには、花見や月見、菊見、雪見と並んで、虫聞きが庶民の風流でした。まだ夏の終わりかけ、と思っていると、夕方ふいに虫の鳴き声が庭のほうからすることがあります。暑いので夜に窓をあけていれば、草むらからリリリリと聞こえてきます。

虫の音は、鳥の鳴き声よりもっと、どこで鳴いているのだろうと探してもたやすくは見つからないものです。まるで野原そのものが、自然の音を奏でるように、ただそこにある草や花しか見ることができません。

松虫草もまた、ひっそりと咲いて、奥ゆかしいところがあるようです。

これは西洋の伝説ですが、アルプスの山に住む妖精が、そのころ町にひろまっていた流行り病に効く薬草を見つけたそうです。ある日、病に

【中沢文次郎】（なかざわ ぶんじろう）一九二〇年〜。俳人。句集に『山座』。

かかった羊飼いが訪ねてくると、心やさしい妖精は、手厚く看病して治してあげました。そして妖精は羊飼いに恋心をいだきますが、元気になった羊飼いは、妖精の心も知らず、村へ戻り恋人と結婚してしまいます。

妖精は悲しみに沈んだまま、やがて息をひきとりますが、ただ相手の幸せだけを願い続けた姿を見ていた神さまは、ひっそりと野に咲く花へと妖精を生まれ変わらせました。その花が松虫草の仲間、セイヨウマツムシソウになったといいます。

虫の音が鳴り響く初秋の野に咲く花のなかで、なぜこの花が松虫草と呼ばれるようになったのだろうと考えると不思議です。ひそやかな音に、ひそやかな花がよりそい合ってついた名前でしょうか。

花が散ったあとの姿が、チンチロリンと鳴らす松虫鉦《まつむしがね》（仏具の伏鉦《ふせがね》）と似たかたちをしているから、という説もありますが、花が散って草になっても、その草むらで松虫が鳴いていたでしょうから、やはり草花と虫の音の結びついた情景が浮かんできます。

ところで昔はすずむしのことをまつむし、まつむしのことをすずむしといって名前が逆でした。もしかしたら花の名前も逆だったかも？


【セイヨウマツムシソウ】

南欧に咲く花。花の色は紫や白、紅、淡紅など。

秋《あき》近《ちこ》う桔梗《ききょう》

春に七草があるように、秋にもまた七草が、

秋の野に咲きたる花を指折《および》りかき数ふれば七種《ななくさ》の花　山上憶良

萩《はぎ》の花尾花《をばな》葛花《くずばな》瞿麦《なでしこ》の花女郎花《をみなえし》また藤袴《ふぢばかま》朝貌《あさがほ》の花　〃

どちらも『万葉集』に二首並んで、山上憶良に歌われています。

尾花は薄《すすき》。そして朝貌は、一説によると桔梗のこと。青紫色で、星のように五つに裂けた鐘状の花は、八月、九月ごろに咲きます。

【桔梗】
紫のほかに白い桔梗があります。秋の花とされますが、早いところでは七月に咲くことも。キキョウ科。古くから愛でられてきた野の小花ですが、いまは絶滅危惧種に。

万葉集　巻八・一五三七

同　巻八・一五三八

【山上憶良】
（やまのうえの おくら）
六六〇年～七三三年ころ。万葉の時代を代表する歌人の一人。

きちかうの花

秋近う野はなりにけり白露の置ける草葉も色変わりゆく　紀友則

秋が近づき、白露を浮かべる草葉も色が変わっていきます。とそんな歌のなかに、秋近う＝きちこう（きちかう）、つまり桔梗の名を挿んでいます。桔梗とは漢名で、古くは日本でもそれを音読みして、きちこうと呼んでいたとか。それが転訛して、ききょうという名前になったそう。

さりげない存在感の花を、秋の訪れを感じさせる歌に紛れ込ませたくなるのはわかる気がします。ほんのささいな兆しのなかから、いつもあたらしい季節は始まるから。

その小さな花を、正岡子規はこんなふうに詠んでいます。

紫のふつとふくらむききやうかな　正岡子規

やわらかく日の光のなかにあるような句です。濁音ひとつない音の響きが、紫の花を包んですっと情景を浮かばせます。病という負の引力に

古今和歌集
巻十　物名・四四〇

【紀友則】
（きの とものり）
八四五年ころ～九〇七年。平安時代前期の歌人。『古今和歌集』の撰者の一人。

【正岡子規】
（95ページ）

とらわれず、健やかに日に向かい顔を上げる子規の姿が、可憐な桔梗の生き生きした生命力と響き合うかのように。

恋にさえならずに消えた想いあり桔梗の花は野にそっと咲く　　天野慶

こちらは、ささやかな花のありようを、やわらかでいて明瞭な言葉で詠った歌です。恋にさえならずに消えた想いも、そっと咲く桔梗も、弱くはかないもの。それを明瞭な言葉で書こうとすることは、想いや花を、両手のひらで包んで大切にとっておこうとするかのようです。

小さな花によりそうような句と、小さな花を包むような歌。

心を尽くして花に向き合い、微細な花を詠おうとするとき、人の心の微細な動きひとつひとつまであらわになるのは不思議です。

【天野慶】（あまの けい）一九七九年〜。歌人。短歌人会所属。歌集に『短歌のキブン』。

宵待《よいまち》の月見草《つきみそう》

紅から淡い青へ、そして群青へ空の色が変わっていくと、一番星が見えはじめます。涼しい風が吹いてきて、川原の草がそよぎます。

白々と澄んだ光が目に入り、月がのぼっています。

ざざざ、とそよぐ草の間に、白い四枚の花びらを持つ月のような花が咲き、ほのかに月光を浴びています。

月見草というその花は、夕方に蕾がほころび、一晩とおして咲いたあと、朝には花が白から薄い紅色に変わり、しぼんでしまいます。花の姿が月に似ているから、月見草。

一晩ではかなく去ってしまう花の命が、満ちたと思えば欠けてしまう月のようにも思えます。

北アメリカ原産の月見草は、江戸時代に日本に渡ってきて、観賞用に栽培されてきましたが、いまではあまり見かけられなくなりました。その月見草の仲間に、黄色い花を咲かせるマツヨイグサやオオマツヨイグサがあって、それらの花も夕方に咲き、朝にしぼみます。

この詩のモデルになった花は、そんな月見草ともマツヨイグサとも思いなせます。


【月見草】

開花時期は七月〜八月ごろ。アカバナ科。


【マツヨイグサ】

南米原産で、江戸時代末期に渡来。五月〜八月に黄色い花を咲かせます。アカバナ科。


【オオマツヨイグサ】

北米原産で、明治の初めに渡来した帰化植物。月見草やマツヨイグサよりやや大きな花を、七月〜九月ごろに咲かせます。アカバナ科。

宵待草　　竹久夢二

まてどくらせどこぬひとを
宵待草《よひまちぐさ》のやるせなさ
こよひは月もでぬさうな。

待宵とは、十五夜になる一晩手前の十四日の月のことをいいますが、また旧暦八月十四日の夜や、その夜の月のことも指します。そして来るはずのない恋人を待つ宵を、待宵とも。

「宵待草」の宵待も、ほんらいは待宵です。川辺に咲く花と自分の恋心とを重ね合わせた、夢二がつくった詩のなかだけの言葉。

恋多き夢二は、この詩を書いたときにも、避暑地の恋に落ちていたといいます。

別れた妻とよりを戻し、幼い息子を連れて房総へ避暑にやってきた彼は、同じく旅行で来ていた女性と出会います。二人は親密になりますが、

【竹久夢二】
（たけひさ ゆめじ）
一八八四年〜一九三四年。画家、詩人。たおやかな美人画は、夢二式美人画と呼ばれるほど。また本の装丁や広告デザイン、雑貨や浴衣のデザインなどを手がけています。

結ばれることなく別れていきます。

　翌年、夢二がふたたび房総を訪れてみると、相手が結婚したことを知らされます。そのときの失恋から生まれたのが、この詩でした。


月の出を待つことと、恋人を待つことはよく似ています。月も、恋も、待つ身にとってはただ待つしかないところが。

　かなわぬ恋とは、現実の世界からはなれて、宙空をさまよう幻想のようです。片思いで痛む胸も、月も、もしかしたら花さえも、たしかにこの世にあるはずなのに、ふとどこか手の届かない夢の場所にたたずんでいるような気がします。

鶏頭《けいとう》と子規《しき》

鶏のトサカのような花だから、鶏頭。

ひだ状に咲く花穂《かすい》（穂のように花軸に沿って群れ咲く花）の赤い色やかたちが鶏のトサカに似ていることからついた名前です。昔は露草と同じように、布にこすりつけて花の色を染める摺染《すりぞめ》に使っていたので、韓藍《からあい》とも呼ばれました。韓藍とは、中国から伝わった色という意味で、紅のことです。

そんな鶏頭を詠んだある俳句をめぐって、論争が起きました。

鶏頭の十四五本もありぬべし　　正岡子規

鶏頭の花がきっと十四、五本ほども咲いているでしょう、といった、一見なんていうこともなさそうな句。

正岡子規のこの晩年の句を、愛弟子である高浜虚子は『子規句集』を編むときに選びませんでした。それとは逆に、歌人の斎藤茂吉はこの句を絶賛し、子規が到達した俳句の境地のように評しています。

否定的な見方には「鶏頭をほかの花にしても成り立つんじゃないか」、「十四五本が、七八本でも変わらない」といったものがあるようです。

【鶏頭】
『万葉集』にも鶏頭を指すとされる韓藍の歌があり、かなり古い時代に中国から日本に渡ってきたようです。ヒユ科。花の時期は、夏から秋にかけて。赤い花のほかに、紅や黄、白などの花も。

【正岡子規】
（95ページ）

【高浜虚子】
（161ページ）

【斎藤茂吉】
（さいとうもきち）
一八八二年～一九五三年。歌人。「自然・自己一元の生を写す」といって、短歌における写生を説きます。

いや、すばらしい句だ、奇をてらったり修辞の巧《うま》さをアピールしたりするような力みや欲がこれっぽっちもなくて、あたかも人と自然と言葉とがひとつに溶け合ったように見事だという解釈もあります。

いったい名作なのか、凡作なのか。鶏頭の花のほうこそ、賞讃と批判が飛び交う世評の風にゆられながら首を傾《かし》げているに違いありません。

目の前にある事物をあるがままに詠むことを、子規は、写生と呼びました。風景なら風景、花なら花を見つめて、受けとめて、それを言葉に写し取っていく、いわば受容を大切にする作風です。この鶏頭の句も、写生句です。

これに対して「ありのままの花を写すだけなら、わざわざ俳句にするまでもない。自分の思いや感覚を表現してこそ文学ではないのか」といった疑問を抱くこともあるかと思います。

子規はきっぱりとしていました。あくまで目の前の事物を素直に受けとめ、それにつき従うように俳句をつくる写生の道を貫きました。

私は、そんな子規の写生句が好きです。

言葉というのは、たとえどんなに抑えても、個性を消せるものではありません。ありのままの風景を淡々と写そうと、その人らしさがありありと表われるのが言葉というものです。子規のいう写生句には、言葉への信頼があり、自然を主とし、人を従とする謙虚な姿勢を感じます。

これはおそらくですが、水や風になったような気持ちで目の前の自然に心をひらいていったとき、ふっと自分がその自然のなかへ溶け込んでいくような、また自然が自分のなかへ入ってくるような瞬間が訪れるはずです。それは俳句に限りません。自分を空っぽにして、そこここにあるものを受け入れたなら、空っぽの器はどこまでもひろがっていきます。逆に己に執着するほど、自分という枠に閉じ込められてしまいます。

命というのは、そういう不思議な伸び縮みをするものだと思います。

でも、まだわからないことがあります。「ありぬべし」とは推量です。花がきっと咲いているだろうと、いわば想像しています。ではそれが、目の前の事物をあるがままに詠むことになるのでしょうか。

推量が働いていようと、やっぱり写生句に思えます。この句の場合、庭の鶏頭の情景を写し取ろうとして、けれど子規は病床にいるため想像（推量）せざるをえませんでした。ただ、そうして補われた想像の情景は、実際に即して思い描くことだけに終始しています。実景を推量で補っているにせよ、あくまでそこにある花をそのまま受けとめようとする姿勢がありありとうかがえます。それは写生といえないでしょうか。

もし写生句を詠もうとして、体がままならず、かわりに心が動くことで事物に近づこうとするなら。あくまで目の前の事物を写し取る意識で、ふっと推量の言葉まで口をつき、想像を働かせながらも実際のありようから逸脱することなく、ごくしぜんにものごとを写し取っていく心とは、写生の心でありつつ、心象と実景の境を飛び越えて、自由に自然とひとつになれる心ではないでしょうか。

鶏頭の花は暑さに強く、夏の花として育てやすかったそうです。子規のこの句は、すくすく育つ植物の葉や茎や花が、どこにも力みのないかたちをしているのと同じように、どこにもなんにも力んだけはいのない、言葉と心の自然体のように思えます。

天《てん》に咲《さ》く彼岸花《ひがんばな》

秋のお彼岸のころに咲くから、彼岸花と。長い蕊《しべ》も、反り返った六枚の花弁も細いラインでやわらかな曲線を描いて、繊細なシルエットを浮かばせます。たとえば川辺に、たとえば野辺に群れなして咲く彼岸花の風にゆれる光景は、秋の風物詩です。

一本の花茎が土から伸び出てきて、その先に五つ、六つほどの蕾をつけます。それらがすべてひらいたときには、まるで花火が生まれたように四方八方に蕊がひろがっては、すうっと天へ向かって伸びます。花の姿をした天女のように思えるのは、緻密なガラス細工のような花のかたちや、あざやかな赤い色のせいでしょうか。

曼珠沙華《まんじゅしゃげ》とも呼ばれますが、その意味は、天上の花（または赤い花）。

【彼岸花】
この花には多くの方言名があり、その数は四百以上とも千におよぶとも。秋に花咲き、冬に葉を出し、春に枯れて秋まで地中で眠る多年生の草花。マンジュシャゲ科。大陸から運ばれてきた土に球根（鱗茎）が紛れ込み、稲作とともに日本に渡来したよう。

そして、はみずはなみずという不思議な名でも呼ばれますが、これは葉見ず花見ずと書いて、花が咲くとき葉はまだなく、葉が出るころにはすでに花が散っているようすから。

そのほかにも死人花《しびとばな》、幽霊花という名があって、それはよく墓地に自生しているからだそう。彼岸花には毒があり、動物に墓地を荒らされないようにと、昔の人が植えたといわれます。お彼岸の墓参りに、ちょうど花の見頃を迎える彼岸花の姿が、昔の人にとって深く印象に残ったのだろうと想像します。時に死と美は近しいものだから。

ある土地の言いならわしでは「シビトバナの咲くときは蕎麦《そば》の蒔きどき」といって、蕎麦の種蒔きの時期の目安になっていました。ですが、食べ物の種を蒔く頃合いを教えてくれる花を、死人花なんて呼ぶのは、種をちゃんと育てたいのかどうなのか、彼岸花にも蕎麦にもちょっと失礼な話、という気がしなくもありません。

むしろ彼岸花は、飢饉《ききん》のときに非常食となるような、人がなんとしても生きぬくことと縁の深い花です。たしかに球根（鱗茎）に毒が含まれますが、その毒は水溶性で長い時間水にさらしておくと抜けていきます。

飢饉の年に、また戦争中に、食べ物が乏しく、おなかをすかせた人たちの飢えを癒やしてくれたのが、彼岸花でした。

路《みち》の辺《へ》の壱師《いちし》の花のいちしろく人皆知りぬ我が恋妻《こひづま》を

柿本人麻呂歌集

万葉集　巻十一・二四八〇

【柿本人麻呂】（154ページ）

諸説ありますが、ここでいう壱師の花とは、彼岸花だという解釈があります。とすると、これは『万葉集』に一首だけある彼岸花の歌です。道ばたに咲くあの彼岸花が人目を引いて目立つように、私の恋する妻のことが皆に知られてしまいました、というこの歌。妻のことを知られたくないのでしょうか、それとも惚《のろ》けているのでしょうか。おそらく後者だと思いますが。

毒や死といったマイナスのイメージで語られることの多い彼岸花ですが、最も古い歌集のなかで、妻を恋う歌に登場するというのは、どこか微笑ましいことです。不吉な花というよりも、天に咲く赤い花というほうが、彼岸花の咲く姿に合っている気がします。

幻《まぼろし》の菊見《きくみ》

菊を見つめていると、いまここから、いつかのどこかへ、ふわっと浮かんで誘いだされていくような心地になることがあります。

たとえば華やかさを競い合う菊花展を訪れると、さまざまに咲く園芸種の花々に囲まれているうち、それが自然に咲く命なのか、人の手がつくりだした作品なのか、その境目がわからなくなってくるのです。

白磁という器は、白という無垢の色を、地上のものではなく天のもののように考えて、より白く、この世のものとは思えないものをかたちにしようと陶芸家が追い求めたものだといいます。

菊の花にもそれと通じるところがあるのではないでしょうか。

一般的に、菊の花は、まんなかに集まったいくつもの小さな花(頭状花)

【菊】
花の咲く時期によって、春菊、夏菊、秋菊、寒菊に分けられます。とはいえ、九月九日に菊の節句(重陽の節句)。昔は旧暦九月九日)があるように、菊といえばやっぱり秋。七十二候でも、寒露の次候「菊花開く」という季節が十月中旬に訪れます。キク科。

【寒露】
二十四節気で、晩秋の露が冷たく感じるころ。

のまわりに、細長い平らな花（舌状花）が何枚も放射状にひろがって、一輪の花のように咲きますが、これが同じ菊だろうかと思うほど、品種によって花の姿ががらっと変わります。

たとえば、大輪の菊で、ふくらみのある頭状花をとりまく舌状花が、くるんと内巻きにカールした厚物《あつもの》や、花火のように中心から外へ向かって、たくさんの細長い舌状花が尾を引く火のようにひろがった細管《ほそくだ》。あるいは、開花するにつれて、うねうねと舌状花が複雑に動いて絡まっていく江戸菊……。大菊、中菊、小菊、とそれぞれに趣向が凝らされますが、それらの花はまるで人の夢想や美意識そのもののようです。

いまではあまり聞かないものの、菊の花びらを乾燥させて、枕の中綿がわりにつめた菊枕を、女性が恋する男性に贈るならわしがあります。また花におりる夜露を綿に含ませて、その綿で身をなでる菊の被綿《きせわた》や、酒に花びらを漬けてつくる菊酒など、菊にまつわるならわしはどこか幻想的です。

菊の香気には霊力があり、無病息災や不老長寿をかなえる生命力に満ちていると考えられたようですが、そんなことを信じさせてしまうほど、菊の姿も香りも、人を惹きつけてはなさなかったのでしょう。

中国で生まれ、朝鮮半島を経て、日本に渡来したようですが、その時期は奈良時代とも平安時代ともいわれます。『万葉集』には菊の歌は見当たりませんが、『古今和歌集』や『枕草子』に登場します。

秋風の吹きあげに立てる白菊は花かあらぬか波の寄するか

菅原朝臣

古今和歌集
巻五　秋歌下・二七二

【菅原朝臣】（すがわら の あそん）菅原道真のこと。（20ページ）

平安時代の宮廷文化には、菊を持ち寄り、その見事さを競う菊合《きくあわせ》という遊びがありました。その席で、吹上《ふきあげ》の浜を模した箱庭の洲浜に菊を添えた趣向のものを、菅原道真がほめた歌だそうです。

秋風が吹き上げる吹上の浜に咲いている白菊は、あれは花でしょうか、花ならぬものでしょうか。それとも浜に白波の寄せるようすが、まるで白菊のように見えるのでしょうか。

とそんな歌を詠んでいるのは実際の景色を見てのことではなく、貴族同士が菊合に集まって、こちらの花がいい、いいや、あちらの花のほうがいい、と交わすやりとりのなかでのこと。いわば、戯《たわむ》れの歌です。
そうした歌の遊びは菊に限ったことではありませんが、虚実ないまぜの歌にも、幻想性を帯びた菊という花はよく合うように思えます。
裏返していえば、それだけ人の手によって、姿形が左右されてきた花といえるかもしれません。

幻の花　　　石垣りん

庭に
今年の菊が咲いた。

子供のとき、
季節は目の前に
ひとつしか展開しなかつた。

【石垣りん】（いしがきりん）
一九二〇年～二〇〇四年。詩人。貧しさに追いやられる人々の側に立ち、世の中の矛盾や、家族との関係、人間の心奥を、平易な言葉でくっきりと照らす詩を書きました。詩集に『私の前にある鍋とお釜と燃える火と』『表札など』『略歴』『やさしい言葉』。

今は見える
去年の菊。
おとしの菊。
十年前の菊。

遠くから
まぼろしの花たちがあらわれ
今年の花を
連れ去ろうとしているのが見える。
ああこの菊も！

そうして別れる
私もまた何かの手にひかれて。

いまでは一年をとおして見ることのできる花ですが、菊といえばやはり秋。めぐり、積み重なる歳月のなか、今年も庭に咲くその花ごしに、自分の人生に、ひいては自分の命に、これまでふれあってきた記憶や、懐かしい人のおもかげが浮かび上がります。

それはきっと、原生種がいまに続いている花であっても、品種改良を重ねながら、咲いては散ってきた花であっても、移ろい、くり返される季節のなかで、遠くから幻の花たちが現われることに変わりはないのだろうと思います。


たましひのしづかにうつる菊見かな　　飯田蛇笏

花の姿に己を映すようにして、人は菊にじっと見入ってきたのかもしれません。石垣りんの詩もそうですが、菊を見つめていると、その奥になにかが見えてくる、という詩歌がなぜ生まれるのでしょう。そう考えるたび、菊という花が背負う人の業や時の厚みを思わざるをえません。

地酒温めおほろかに菊みつめ居り　　萩原蘿月

【飯田蛇笏】

（85ページ）

【萩原蘿月】

（はぎわららげつ）

一八八四年～一九六一年。俳人、国学者。芭蕉研究者。高浜虚子らに師事しますが、のちに花鳥諷詠に対し、感動主義の自由律俳句を主張します。

打って変わって、こちらは温めた地酒を楽しみながら、おおらかに菊を見つめている、という呑気なようすが微笑ましい句です。けれど、飯田蛇笏の句が打ち明けるように、菊見というものの奥深さには底がありません。ちらちらとかすかな魂の炎を映す花は、呑気にぬる燗《かん》を楽しんでいる人の魂をもありありと映し出したことでしょう。

それでもなお、呑気に酒をあおる句に仕立てるのが俳諧の軽みだと、萩原蘿月は言っているかのようです。

菊がそうであるように、詩歌もまた、詠み手の魂を映し出す言葉に違いありません。

華美な菊に秋の楽しみを覚えながら、また一方で、野菊のひかえめな咲くさまにも心惹かれるのは、やはり人の身勝手さですが。小さな頭状花のまわりに、舌状花がのびやかにひろがる野菊は、摘みとってはその花びらを一枚一枚ちぎりつつ、好き、嫌い、好き……などと恋占いに興じるたぐいの、ささやかな野花です。

【野菊】野生のキク科植物で、菊に似ている小さな野の花の総称。

藤袴《ふじばかま》の余韻《よいん》

一本の茎から袴をひろげたように、藤色をした小さな花がいくつも咲く藤袴。それはまるで繊細な刺繍やレース飾りのよう。あるいは紅紫色の小さな花束を天に捧げたような不思議な姿で咲いています。

そんな花のようすから藤袴とついたといいますが、また別の説によると、香りをまとうという意味で袴と名づけられたとも。藤袴の葉や茎を乾燥させると芳香がしはじめるので、中国では香草《かおりぐさ》と呼ばれます。

やどりせし人のかたみか藤袴わすられがたき香ににほひつつ

紀貫之

古今和歌集
巻四　秋歌上・二四〇

【藤袴】
丈が一メートルほどの茎のてっぺんに、淡い紅紫の小花を散房状に咲かせます。キク科。開花時期は八月〜九月ごろ。

私の家に泊まっていったあの人の残した形見でしょうか、藤袴の花の、たやすくは忘れられない香りがします、と一夜をともにしたあとの余韻にひたりながら相手に思い馳せる歌に、藤袴が登場します。

時に匂いというのは、視覚以上にくっきりとした印象を残すものですが、藤袴も、さりげない花のようでいて人の心にあざやかな印象を与えるようです。

「この花も今の私たちにふさわしい花ですから」

と言って、玉鬘《たまかずら》が受け取るまで放さずにいたので、やむをえず手を出して取ろうとする袖を中将は引いた。

「おなじ野の露にやつるる藤袴哀れはかけよかごとばかりも

（与謝野晶子訳『源氏物語』第三十帖 藤袴より）

『源氏物語』の一節ですが、光源氏の子、夕霧（中将）は、片思いの相手である玉鬘に花を手渡す一瞬、相手の袖を引き、秘めてきた思いを打ち

【紀貫之】
（きのつらゆき）
八七二年ころ〜九四五年ころ。平安時代前期の歌人。『古今和歌集』の撰者の一人。日記文学『土佐日記』の作者でもあります。

明けます。「同じ祖母の死を悼む間柄にある私を、愛しいと思ってはくれませんか、ほんの少しでも」という不器用で唐突な告白は、けれど、玉鬘を困惑させるだけであえなく散ってしまいます。

あっさりふられる場面に出てきた藤袴の花は、ここでは藤衣(貴族の喪服)の意味を含んで、ややイメージが重く、失恋を暗示する小道具のようです。喪に服している人に、むりに迫っても結果はやはり……。あたって砕けるにしても、夕霧にはせめて相手の気持ちをほんの少しでも考えてほしかった気もしますが、こればかりはままなりません。

昔はあちこちの川辺で見かけられた藤袴の花ですが、いまでは準絶滅危惧種になってしまいました。秋の七草に数えられるほどの花が、と知ったとき、ふっと足もとから草花を育む土がほろほろとくずれていくような感じがしました。でもたしかに、川原を散歩していて、咲いているのを見たことはなかったように思います。

そんな藤袴を守ろうという草の根活動が、数年前に京都で行なわれました。二〇〇八年からの三年間で、七千株もの原種を育てたそうです。

晩《おそ》き萩《はぎ》の心《こころ》

大伴坂上郎女の晩き萩の歌一首

咲く花もをそろはうとし晩《おくて》なる長き心になほしかずけり

大伴坂上郎女

咲く花も早咲きはいまひとつ。遅咲きのゆったりした心のほうがやはりいいものです、と遅咲きの萩を詠んだこの歌は『万葉集』に収められています。

『万葉集』に詠まれた花で、萩の歌は最も多く、百四十二首もあります。くさかんむりに秋と書く萩は、まるで秋の花そのもののよう。秋の七草に数えられ、季節を代表する花として長く親しまれてきました。

万葉集　巻八・一五四八

【萩】
萩は日本原産。マメ科ハギ属。代表的な山萩は、本州〜九州に自生します。

【大伴坂上郎女】
（おおとも の さかのうえのいらつめ）
生没年不詳。『万葉集』を代表する歌人の一人。大伴家持の叔母。

とはいえもう一方では、早咲きの花がこうして歌に出てくるように、七月から咲きはじめ、実際には秋の花とばかりもいえないようです。照りつける夏の日射しの下より、ああ、やっぱりしなやかに風になびく枝ぶりの萩の花を眺めるほうがいいな、涼しさや、静けさが漂う秋の花として楽しみたい、というのがこの歌の気分でしょうか。

見ようによっては、なにかとせかせかする人物よりも、おおらかに構えた人に好感が持てるといった、人物評を萩になぞらえたようにも読めますが、ひとまずのところは、晩き萩を愛でる心情にほっとしながら、よりそっていたい歌です。晩なる長き心という言葉に謎めいた余韻を感じつつも、人の心を包むように咲く穏やかな花のたたずまいを思います。

萩にもいろいろありますが、単に萩というときは山萩のこと。背の低い木の梢から伸びたたくさんの花の枝に、ひらりとひらいた小さな花が房のようにいくつも咲きます。そして冬に葉を落とし、春にまた芽吹くのですが、古い株から新芽がいっぱい萌え出づるようすから、生芽《はえぎ》と呼ばれ、それが転じて、はぎという名前になったそう。

●蝶のかたちの花
萩の花は蝶形花冠《ちょうけいかかん》という、蝶のかたちの五弁花。蝶の羽のように立ち上がった花弁(旗弁《きべん》)、左右にちょこんと出た鳥の翼のような花弁(翼弁《よくべん》)、二枚が合わさり、おしべとめしべを包む舟のようなかたちの花弁(舟弁《しゅうべん》)でできています。

萩という字はこの花にあてて日本でつくられた国字ですが、『万葉集』などでは芽、芽子、波義などと書いて、はぎと読みました。

さを鹿の朝たつ野辺の秋萩に玉と見るまでおける白露

大伴家持

朝、牡鹿が立っているあの野辺の秋萩に、玉のような白露が浮かんでいます、とは坂上郎女の甥、大伴家持の歌。萩と鹿は、梅に鶯のように多く見られる歌い合わせです。また、

萩の花くれぐれまでもありつるが月いでて見るになきがはかなさ

源実朝

(萩の花が夕暮れ時まで咲いていたけれど、月が出たので見てみればもう散っているなんて、はかないことです)

万葉集　巻八・一五九八

【大伴家持】
(46ページ)

【源実朝】
(みなもと の さねとも)
一一九二年～一二一九年。鎌倉幕府第三代将軍。歌人。中世期最大の詩人の一人と評されます。引用した萩の歌は、実朝の家集『金塊和歌集』より。

一つ家に遊女も寝たり萩と月　　　芭蕉

（同じ宿に遊女も居合わせて、萩と月が見えています）

など、萩と月の取り合わせも多く詠まれてきました。秋の夜の静けさのなか、月明かりの下で眺めていると、ついつい物思いに沈んでいきそうになりますが、それこそ秋ならではの、夜の過ごし方に思えます。

白萩の枝をながれて咲きそめし　　　阿波野青畝

白萩の花がそうそうと風に流れる枝に咲きはじめた、その一幕を写し取った句があります。さらりとして、なにというほどのこともない句のはずなのに惹かれます。とくに珍しくはない情景を、ただありのままに言葉にするだけの句が浮き彫りにするのは、そこにある花そのものです。

しなやかな枝に白い萩の花がつきはじめる、とそれだけを詠む一心が、花の命そのものの姿を、どんな巧みな修辞よりあらわにします。

【松尾芭蕉】（135ページ）

【萩と月】伊勢参りに向かう遊女が、芭蕉に同行を願います。芭蕉は断りますが、遊女の道行きを案じました。萩と月には、艶やかな遊女と世捨て人の芭蕉の姿が重なるようです。

【阿波野青畝】（あわの せいほ）一八九九年〜一九九二年。俳人。高浜虚子に師事し、俳誌『ホトトギス』同人に。四Sの一人。雲をつかむような不思議な句風です。句集に『甲子園』『西湖』など。

また、白萩の姿に、歌う己のすべてを注ごうとする命懸けの歌があり、そちらにも目をみはらされます。

われの眼のつひに見るなき世はありて昼のもなかを白萩の散る
明石海人

月夜に引き込まれる物思いではなく、昼日中、目の前の光景に、命の果てる瞬間を見極めようとする歌人の心情の切実さとはなんでしょう。白日の下、白萩が散る、それがなぜ自分の目ではとうとう見られない世界と結びつけられるのでしょう。

死のイメージが色濃い歌なのに、明石海人という一人の命が、ごうごうと燃えているのが感じられます。白萩の花が、昼の日よりも生よりも死よりも、歌人の心をまぶしく照らしだしています。

自然の懐に自らをゆだねる句と、自らの命の限りを懸けた歌。白萩の前に、人の生きようは隠しようなく表われます。命とは有限か、無限か。なににもとらわれない自由さを、人はいかにして得られるものでしょう。

【明石海人】
（あかし かいじん）
一九〇一年〜一九三九年。
歌人。当時不治の病だったハンセン病を発病し、療養生活を余儀なくされるなか、歌作に向かいます。
歌集『白猫』。

枯《か》れ薄《すすき》光《ひか》る

線路沿いの土手の斜面に、薄が生い茂るころになると、日の光に穂が透けて、車窓越しにまばゆいなかへ入っていくような幻想的な情景に立ち会えることがあります。

子どものころ、釣瓶落としに日暮れが早くなるにつれ、いつもと同じように遊んでいたつもりが、もう西の空は真っ赤、足もとの影がずうっと向こうまで伸びている、ということもありました。

ざあっと吹く夕風にたなびく薄の穂波の上を、とんぼがあちこち飛びかって、ふいに家へ帰る時間が迫ってくるようで、たそがれに胸がつまる思いでした。

通りがかりに薄を見かけては、心がざわめく思いがするのは、あの穂

【薄】
別名に尾花、萱など。ただし萱は、屋根を葺く草全般のこともいいます。イネ科。草丈が一・五〜二、三メートルにも。原産地は日本を含む東アジア。

波が秋の記憶としっかり結びついているからでしょうか。すくすく育つから、すすき、という名前になったといいますが、それだけの存在感や生命力を感じさせる植物なのだと思います。

【貞久秀紀】（53ページ）

薄にそいながら　　貞久秀紀

ここにある薄は、道にそいながらふれてくるほど親しくつづき、
ここではゆれているとみえず、遠くのあたりではゆれている。

しばらくここにいて、ゆれずにいるとみえるこの薄は、このまま
おなじ道をあるけば身近にいたりつくあの薄が、いまも目にみえて

遠くそこかぎりでゆれているように、ながめていればゆれており、
ここからは、おしなべてこの薄とあの薄でゆれる。

道沿いにゆれる薄を眺めるまなざしは、不思議さに包まれているかの

ようです。

あそこではたしかにゆれている。なのにここにある近くの薄はゆれていない。と言われてみれば、たしかに。目の錯覚なのかなんなのか、そのわけを知る前に、そう見える不思議さのなかにしばし留まっていたくなります。いつもの世界が少し違って見えるのは、あたらしいなにかに気づいたから。その気づきの瞬間に立ち止まるのは、至福を感じる時間です。

また、山吹のところでふれましたが、振るという行為は、ものの生命力をたかめる、とかつて信じられていたようです。風を受けて薄がゆさぶられるさまは、あたかも薄の生命力がたかめられている、と昔の人なら感じたかもしれません。

薄というと、六月の終わりに行なわれる茅の輪くぐりの行事では、身のけがれを祓う茅の輪の材料となったり、また秋の月見では、豊作を祈り、稲穂に見立てて月見団子などとともに飾られたり、伝統行事には欠かせません。月見の薄は、切り口が魔除けになるとも。

茅葺きの屋根を葺くときにも使われ、雨につよく、囲炉裏の火で燻《いぶ》されるとさらに丈夫になりました。そのため昔は、村里の集落のそばに茅場といって、薄が生い茂る野原が必ずあったそう。

秋に刈り取り、冬に枯れ薄となり、春にはまた下草が生えてきて、やがて元どおりの姿に。ですが放っておくと、茅場に木が生えはじめてしまうので、枯れている時期などに火入れをすることも。たとえば一月に行なわれる奈良の若草山の山焼きにも、茅場の火入れの意味があります。

牛や馬のえさになったり、炭をつめる炭俵を編んだり、薄の生命力がすくすくと、人の暮らしを支えてきました。

薄は尾花とも呼ばれ、秋の七草のひとつに数えられます。穂が獣の尾みたいだから、尾花と。

とはいえ、薄の花（花穂）は、おしべとめしべだけで花弁がありません。夏から秋にかけて、淡紅がかった小さな花が密生します。花のあと、白い毛を生やした種子をつけ、薄の穂がまっしろにさざめく秋が深まっていきます。

枯《かれ》〱《かれ》て光をはなつ尾花哉《かな》

高井几董

頬を冷たい風がなぜるように吹く晩秋の小春日和、日に照り映える薄は枯れてもなお、生き生きとした姿を見せてくれます。この光を放つ薄の光景を前にすると、ふっと寒さも、冬に向かって暮れゆく季節も忘れて、しばし時が止まったような、ぽっかりとそこだけ明るい野原に吸い込まれそうになります。

そして季節は冬、

婦負《めひ》の野のすすき押しなべ降る雪に宿借る今日し悲しく思ほゆ

高市黒人

万葉集　巻十七・四〇一六

薄をなびかせて降る雪のなか、宿を借りる今日という日がひとしお悲しく思われるよ、と万葉の歌人、高市黒人は、冬の旅路の物悲しさを歌います。ですが、薄はしっかりと雪の下の地下茎に命の息吹をたくわえ、次の春に備えています。


【高井几董】

（たかい きとう）

一七四一年〜一七八九年。江戸の俳諧師。与謝蕪村の弟子。ほかの代表句に「淋しさの年々高し花芒《すすき》」など。


【高市黒人】

（たけちの くろひと）

生没年不詳。飛鳥時代の歌人。『万葉集』に、羇旅《きりょ》の歌八首（巻三）をはじめ、旅情や恋情を詠う歌、そして土地を言祝ぐ歌などが収められています。

紅葉《もみじ》に時雨《しぐれ》

桜紅葉、楢《なら》紅葉、櫨《はぜ》紅葉、銀杏黄葉《いちょうもみじ》……。
さまざまな落葉樹の葉が紅に黄に染まるさまや、そうして染まった葉のどれもが紅葉に違いありませんが、単に紅葉というときは楓《かえで》を意味するほど、細やかに分かれた葉先まで色づき、山を紅に染めあげる楓紅葉の情景は、晩秋そのものです。

花といえば桜を指し、紅葉といえば楓をいうのは、詩歌の世界のことでもあり、また桜が春の、紅葉が秋の、楽しみの最たるひとつであるせいかもしれません。

秋深まり、気温が下がり、空気が乾燥すると紅葉のはじまりです。昼は暖かく、夜は寒く、一日の寒暖の差が大きいほど葉はよく染まります。山を奥へ入るにつれて、はっとさせられる紅葉に出会えるのはそのためです。日本のほかにも中国や北アメリカ、アルプスの山々、ドナウ河畔、ライン河畔などでも紅葉の景観を眺めることができます。

「かえで」という名は、葉のかたちが蛙の手に似ているから「かえるで」と名づけられたのが転訛したといいます。いろは紅葉とも呼ばれるのは、

【紅葉】
赤子の手のひらのような、いわゆるいろは紅葉はタカオモミジのこと。別名はセミジ、イロハカエデ。カエデ科。紅葉の見頃は北海道や東北では九月上旬〜十一月上旬、関東から九州にかけては十一月〜十二月上旬。

【楓】
かえでは正しくは「槭」と書きますが、いまではほとんど「楓」と表記されます。本来「楓」は中国に自生するマンサク科のフウのこと。フウの紅葉は漢詩によく詠まれています。

葉の裂片《れっぺん》が七つに分かれているのを「いろはにほへと」と数えたからだそうです。かつては葉が紅葉することを「もみつ」といい、染まった葉を「もみち」や「もみち葉」などといったのが「もみじ」の語源とされています。

その「もみつ」とは「揉み出づ」のこと。昔の染め物は皆、天然の染料に布を浸して、揉むようにして色を染めていましたから、まるで人が手揉みして生地を染めるように、木々が葉を紅や黄に染めているようだとたとえたのではないでしょうか。

花が咲くことを花が笑うと呼んだように、古えの人は植物の生態に目を見はるたび、自分たちの身近なふるまいに見立て、なぞらえながら受けとめていたのではと思わされます。

七十二候にも、紅葉の季節があります。秋の最後の候に、霜降の末候「楓蔦黄《もみじつたき》なり」が訪れますが、そのひとつ手前は霜降の次候「霎時施《しぐれときどきほどこ》す」という時雨の候です。紅葉と時雨の季節が重なり合っているようすは、『万葉集』のこんな歌のやりとりにも見受けられます。

【霜降】
二十四節気で、秋の最後の季節。朝夕にぐっと冷え込み、霜が降りるころ。

【楓蔦黄なり】
七十二候で、紅葉や蔦が色づくころという意味。十一月初旬ごろ。

【霎時施す】
同じく七十二候で、時雨が降るようになるころという意味。十月末ごろ。

手折《たお》らずて散りなば惜しとわが思《も》ひし秋のもみちをかざしつるかも

橘奈良麻呂

万葉集　巻八・一五八一

もみち葉を散らす時雨に濡れてきて君がもみちをかざしつるかも

久米女王

同　巻八・一五八三

【橘奈良麻呂】（たちばな の ならまろ）七二一年ころ〜七五七年。奈良時代の公卿。橘諸兄の子。

【久米女王】（くめの おおきみ）生没年系譜未詳。『万葉集』にこの一首を残しています。

手折らずにいて紅葉が時雨に散ってしまったら惜しいという気持ち。その気持ちに駆られ、手折って持ってきてくれた紅葉を髪飾りにして好意を受け取ろうという気持ち。

ざーっと降ってはすぐ晴れ上がる初時雨は、初冬を知らせる雨として、歌人が好んで歌に詠んだといいます。紅葉をもたらすのも、散らすのも、そんな時雨であり、美しさとはかなさとがないまぜになるような情景です。

とはいえ、散る美しさより、染まることの美しさに胸打たれるのは、紅葉が桜のような花ではなく、枯れる間際の葉だからではないでしょうか。枯れていくのみであるはずの葉が、花にも負けず色づく姿が、古来人の心をとらえてきたように思えてなりません。本来、時雨に打たれて枯れ葉が落ちるのはなんの不思議もないことですが、それをさも花の盛りが去るように惜しむ気持ちのどこかに、葉を花に見立てる人の歌心が働いているかのようです。

紅葉を愛でながら、山や谷を逍遥する紅葉狩りは深まる秋の醍醐味です。『源氏物語』の第四十七帖「総角《あげまき》」では、匂宮《におうのみや》が宇治川へ舟遊びに出かけ、紅葉狩りを盛大に催す一幕があります。

十月の一日ごろは網代《あじろ》の漁も始まっていて、宇治へ遊ぶのに最も興味の多い時であることを申して中納言が宮をお誘いしたために、兵部卿の宮は紅葉見《もみじみ》の宇治行きをお思い立ちになった。

(中略)

遊びの一行は船で河を上り下りしながらおもしろい音楽を奏する声も山荘へよく聞こえた。目にも見えないことではなかった。若い女房らは河に面した座敷のほうから皆のぞいていた。宮がどこにおいでになるのかはよくわからないのであるが、それらしく紅葉の枝の厚く屋型に葺いた船があって、よい吹奏楽はそこから水の上へ流れていた。河風がはなやかに誘っているのである。

（与謝野晶子訳『源氏物語』第四十七帖 総角より）

胸が高鳴るよう
この雨に出会うと紅葉が歌う
降りだしてはすぐに上がり
山を洗うから

散り敷かれた落ち葉の道をゆけば
心に浮かぶのは
過ぎ去った日の思い出だったり
忘れられない人のすがただったり

山茶花《さざんか》の明《あか》るみ

なにを思うでもなくぼんやりと歩いていることがよくあります。駅から家までの、通い慣れた道を帰っていくさなか、ふいに視界が横から明るく、赤く照らされたような気がして、見れば垣根に山茶花の紅い花が数輪咲いていました。

花の色を間近に感じたおかげで、まるで焚き火に暖められたように頬がほてったような感覚は、いつまでも消えませんでした。山茶花といえばそのときの、熱を帯びたかのような紅を思い起こさせます。

それはもしかしたら晩秋から初冬にかけて、だんだん身近な風景から色が失われていく、植物の眠りの季節にあったからかもしれません。やグレーがかった町並に、あざやかな色を見せてくれる冬の花の印象が、くっきりと浮かび上がったせいかも。

そのときのことを思い出すと、あの童謡の、山茶花と焚き火の歌のフレーズまでなぜか胸によみがえって、垣根の花とばったり出会ったのがひときわ微笑ましいできごとに感じられてきます。

七十二候の暦では、初時雨が降り、紅葉が赤や黄に染まると、その次

【山茶花】
日本に古くからあった花で、山口や四国の西南、九州などの暖かい地域に自生します。開花時期は、秋の終わりから冬にかけて。ツバキ科。

に訪れる冬の最初の季節が「山茶《つばき》始めて開く」です。つばきといっても、それは山茶花のことだそう。

中国ではツバキ科の植物のことを総じて山茶というけれど、この暦の山茶はさざんかのことだとも、昔の人がつばきとさざんかを混同して、さざんかのことを山茶花と書き表わすようになったともいわれます。

冬が来たことを、花を咲かせて知らせてくれる山茶花の木は、なんて心を温めてくれるんだろう、とあらためて思います。そんな花だからこそ、垣根に植えて愛でる楽しみが毎年訪れてくれますし、また江戸時代の初めには園芸品種を育てるようになったという話に、数百年を経ていまに至る山茶花と人との結びつきを感じもします。

古くから日本にあった花で、紅や桃色、絞りや八重咲きなどのさまざまな種類が生まれましたが、もともとは白くて一重の花びらが五枚の花が原生種です。

椿と似ていますが、椿の散りぎわがぽとっと花ごと落ちるのに対して、山茶花は花びらが一枚ずつ散っていきます。

【山茶始めて開く】
七十二候の冬の最初の季節で、山茶花の花が咲きはじめるころという意味。立冬の初候。十一月上旬。

人をおもへば

三好達治

人をおもへば山茶花の
花もとぼしく散りにけり
土にしきたるくれなゐの
淡きも明日は消えなむを

冬の深まりとともに散っていく山茶花を眺めることは、寂しいことでもあるのでしょうか。花のあとにも地面に淡く、散った紅の花びらが残っているけれど、それさえ明日には消えてしまうという三好達治の心は、かなわぬ恋に悲しく沈んでいるように映ります。

ですがたとえ花は消えても、やはり垣根にあって初冬に気持ちをほっとさせてくれた山茶花の記憶はずっと心に点り続けて、ひと冬を過ごすよろこびとして残り続けるように思われます。

【三好達治】（57ページ）

門口《かどぐち》の柊《ひいらぎ》

疼《ひいら》ぐ、という言葉があるそうです。古語で、ヒリヒリと痛むという意味。柊の名前の由来であり、ふれると葉のトゲが刺さって痛いから、疼ぐ木、疼木と。

寒くなる季節にもあおあおとした葉に、白い小花が群れなして咲きます。晩秋から初冬にかけて、キンモクセイに似た香りを漂わせます。

柊の花一本《ひともと》の香りかな　高野素十

一輪ではなく、一本と詠っている感じから、さわさわといくつも花を咲かせ、ひとまとまりとなって香ってくる一本の木のありかが見えてくるようです。吐く息も白くなってくるころ、白い小花をつける柊の枝ぶりを見ると、ツンと尖ったトゲを持つ葉に、生き生きとした生命の活気が感じられます。

家の鬼門の方角に、柊を植えるならわしがあるように、そのトゲには鬼や災いがやってこないようにするおまじないの意味があるとか。

春の節分では豆まきとともに、鰯《いわし》の頭を枝葉に刺した柊を門口に飾り

【柊】
関西より西から沖縄や台湾にかけて山中に自生する常緑樹。十月～十一月ごろ、白い小さな花が葉のつけ根に束になって咲きます。モクセイ科。

【高野素十】
（44ページ）

ますが、そのときの柊も魔除けのためのもの。ちくちくと尖ったトゲで、鬼を追い払います。ちなみに豆は、魔〈ま〉を滅〈め〉する、の語呂合わせ。焼いた鰯の頭を柊の枝葉に刺したものは、焼き鰯の強い匂いで鬼を退散させる、焼き嗅がしといいます。

季節の変わりめには、魔が入り込みやすいといわれ、冬の終わりの大寒と春のはじまりの立春の節目にあたる、春の節分に魔除けの行事が行なわれます。冬の寒さをため込んでいる体が、春近くなって調子をくずしやすくなることもあって、心も体も気をつけて、という意味もありそうです。

クリスマスにも柊をツリーにしたり飾ったりしますが、それはセイヨウヒイラギ（またはイングリッシュホーリー）という、モチノキ科の木。そちらも同様に魔除けの木とされ、またトゲはキリストの受難を表わしているとか。

柊に託された願いや祈りをさかさまにしたような、それでいてやはり、なにかへの願いをせつせつと告げるような不思議な詩があります。人の祈りを受けとめながら、冬日にも青い柊の葉は門口にゆれています。

●柊の葉のトゲ
柊は、動物たちに葉を食べられないように、鋭いトゲで身を守ります。同じ木でも、トゲのある葉とない葉が混在し、トゲのある葉が木の下のほうに多く見られることも。老木になると、葉のトゲはなくなっていきます。

【セイヨウヒイラギ】
白や淡黄色の小さな花を五月〜六月ごろに咲かせ、晩秋に丸く赤い実をつけます。モチノキ科。

ひいらぎのおいのりが
まいにち　きこえないでくださいね
おかあさんの棚ももう
草だらけの冥土を　おぼれているから
ひとはり　ひとはりの
つつがないうったえのむこうには
ひの色をした線路が
わらっているばかりなんです

（久谷雉「あろえの花」より）


【久谷雉】

（くたに きじ）

一九八四年〜。詩人。二〇〇四年に第一詩集『昼も夜も』で中原中也賞を受賞。詩集に『ふたつの祝婚歌のあいだに書いた二十四の詩』。

常世《とこよ》の橘《たちばな》

十二月の寒さのなかで、つやつやと黄色く実が熟していく橘は、古くから日本に自生してきた柑橘です。雪が降る季節でも葉はあおあおとして、果実は光る太陽のようで、まばゆいばかりの生命力。

そんな橘の姿が、古代の人の心をとらえたのでしょうか。日本の神話に不老不死の実、非時香実《ときじくのかぐのこのみ》が登場しますが、それがじつは、いまでいう橘のことでした、と語られます。

大君は、三宅連《みやけのむらじ》らの祖先で名前をタヂマモリという人を常世の国に遣わして、永遠の命を得られるという、非時香実を採ってくるように言いました。そこでタヂマモリは常世の国へ行き、非時香実を見つけ、木の実を縄でつないだものと、串刺しにしたものをそれぞれ八つずつ持ち帰りました。が時遅く、すでに大君は亡くなっていました。

タヂマモリは、持ち帰った非時香実の半分を大后に奉り、半分を大君の御陵の前に供えました。そして木の実を捧げ持つと、大声で泣き叫びながら「常世の国の非時香実をお持ちして参りました」と

【橘】
古くから日本に自生する固有の柑橘。ミカン科。別名ニッポンタチバナ。果実はずいぶん酸っぱいので、ジャムやマーマレードにすることも。

【常世】
日本の神話に登場する、あの世のこと。常世に対して、この世のことは現世《うつしよ》といいます。

言って、そのまま死んでしまいました。その非時香実というのは、
いまの橘のことです。

（『古事記』垂仁天皇　非時の香の木実より）

せっかく不老不死の実を手に入れたのに、結局願いがかなわず、時の流れに挑みつつも、押し流されるという神話です。この神話を受けて平安時代、京都御所の正殿《せいでん》、紫宸殿《ししんでん》では橘が植えられました。右近の橘、左近の桜といって、天皇から見て右に橘、左に桜（当初は梅）を植えたそのようすは、雛人形の飾りつけにも見ることができます。

また『万葉集』でも橘は数多く詠われています。

橘は実さへ花さへその葉さへ枝《え》に霜降れどいや常葉《とこは》の木

聖武天皇

万葉集　巻六・一〇〇九

橘は実も花も葉も見事ですが、たとえ枝に霜が降ってもなお常葉の木です、とそう詠うのは、天皇が左大辨《さだいべん》、葛城王らに橘氏の姓を賜《たまわ》ったと

【聖武天皇】（しょうむてんのう）七〇一年〜七五六年。奈良時代の天皇。仏教を信仰し、奈良の東大寺大仏や、全国に国分寺をつくらせます。

【葛城王】（かつらぎのおおきみ）橘諸兄のこと。（１２０ページ）

きのお祝いの意味があったよう。

橘の実が黄ばむころを「橘始めて黄なり」といって、七十二候で初冬の季節に取り入れたのは江戸時代のことですが、寒さのなかで実るばかりでなく、初夏に咲く白い花も人の心に残り、歌に詠われてきました。


【橘始めて黄なり】七十二候の、立冬に続く小雪の末候（小雪は、二十四節気の初冬。そろそろ雪が降りはじめるころ）。十二月初旬。

五月《さつき》待つ花橘の香をかげば昔の人の袖の香ぞする　よみ人知らず

古今和歌集　巻三　夏歌・一三九

旧の五月に咲く橘の花の香りに、かつての恋人の袖の香を思い出します、と過去の恋を振り返りながらもどこかさわやかな感じのする歌です。

照る日に葉の緑がよく映える橘の木は、いくつもいくつも花ひらいて、さんさんと明るんでいます。そして五枚の花びらがひろがるなかに、めしべとおしべがまとまって、ちょこんと。

和歌山や三重、四国や九州などの暖かい地方に見られ、五、六月ごろ花の季節を迎えますが、沖縄ではちょっと早く、三月には満開です。

咲きそろった枝先のにぎわいをしばらく眺めていると、花から花へ飛びまわっている小さなみつばちに気づきました。最初の一匹に気がつくと、あっちにもそっちにも、と次々に小さな虫の姿が見えてきます。

そんな花のあとには、ぎゅっと酸っぱさがつまった緑の実が生り、ゆっくり黄色く熟していきます。なかには大きな種が入っていて、そのぶん果肉が少ないのですが、食べるには酸味がきつ過ぎるものの、昔は果実の皮をかぜ薬にしたとか。

日本固有の柑橘というと、橘のほかに、沖縄のシークヮーサーがあります。こちらも小さな実で、とっても酸っぱいのですが、ジュースにしたり（好みでシロップを入れます）、ジャムにしたり、果汁を料理にかけたり、ビールに搾り入れたり。さわやかな味といっしょに、からだにスーッとビタミンがしみ込んでいく感じがします。

いまでは甘いみかんがお茶の間の柑橘の主役で、酸っぱい橘はすっかり影が薄くなっていますが、日本の柑橘の元祖的な存在で、神話にも、暦にも、雛飾りにも登場するのは、ちゃんと覚えておきたいこと。

日《ひ》だまりの冬薔薇《ふゆそうび》

一月に帰省したときのこと、実家の庭で隣家の間から日が射すあたりに、白いバラが一輪咲いていました。

秋の忘れ物のように、春には早い慌て者のように、ぽつんと所在なさそうに。それでも、凍てつく空気に囲まれながら日の光に照らされて、朝のかげった庭に花だけくっきり浮かび上がっていました。

冬に咲く特別なバラがあるわけではなく、寒さのなかでも花を残しているものが、冬薔薇と呼ばれるそう。

野茨のところでふれましたが、バラの原種には日本原生のものがあります。それらが大陸の品種とともにヨーロッパに渡り、盛んに品種改良され、十九世紀半ばには何千種もの品種を生んだといいます。

【冬薔薇】バラの花の季節は初夏と秋。けれど四季咲きで寒さに強い品種が冬まで咲き残ることがあります。バラの季語は夏ですが、冬薔薇というと冬の季語。バラ科。

日本には江戸時代に西洋のバラがもたらされ、明治期以降、今日まで続く人気の花となりました。

とはいえ時に、春や秋の季節の盛りに咲くバラを眺めていると、あまりの豪華さにこちらが気後れしてしまうような、そんな気持ちになることがあります。

造られた薔薇にたちまち汗浮かび
憧憬器官ってそれ?これ?　いいえ
飯田有子

バラといえば美しい花というイメージができあがっていることへの、かすかな、違和感ともいえないほどの微妙なズレの感覚を、造花の薔薇という切り口から語るような歌。それでいて、憧憬器官なんていう既存の美意識をはぐらかす言葉を交えて、ふっと脱力を誘ってもきます。つくられた美をいったんバラからはぎとって、見る者も、そしてもしかしたら花をも自由にしてあげるような、そんな歌です。

また一方で、冬薔薇のどこか哀切な様子は、花と人とをそっと近づけ

【飯田有子】

(いいだ ありこ)

一九六八年〜。歌人。歌人集団かばん所属。尖鋭な現代短歌のなかにあって、ひときわ理知と不思議さをあわせ持つ歌風。歌集に『林檎貫通式』。

てくれる気がします。バラがハレの花だとしたら、冬枯れの庭に秋の忘れ物のように咲く冬薔薇は、日常というケによりそう存在に感じます。

夜の二人　　　　高村光太郎

私達の最後が餓死であらうといふ予言は、
しとしとと雪の上に降る霙《みぞれ》まじりの夜の雨の言つた事です。
智恵子は人並はづれた覚悟のよい女だけれど
まだ餓死よりは火あぶりの方をのぞむ中世期の夢を持つてゐます。
私達はすつかり黙つてもう一度雨をきかうと耳をすましました。
少し風が出たと見えて薔薇《ばら》の枝が窓硝子に爪を立てます。

大正一五・三

冬の夜に窓の向こうに見えるバラの枝は、この詩の悲壮な予感を包む、光太郎と智恵子の愛そのもののようです。恋人同士がともに暮らす真冬の時間とは、愛し合う永遠のさなかだと、バラの枝が告げています。

【高村光太郎】（たかむら こうたろう）一八八三年〜一九五六年。詩人、彫刻家。東京美術学校を卒業後、アメリカ、イギリス、ロンドンと留学し、帰国後は彫刻、詩、批評、翻訳など創作活動は多岐にわたります。詩集に『道程』『智恵子抄』など。

南《なん》天《てん》の灯《とも》し火《び》

赤い小さな実がいくつも枝について穂のように垂れ下がる姿を、木枯らし吹くなかにも、雪降り積もるなかにも目にできたとき、寒さにこわばっていた顔がふっとほころびます。

おもひつめては南天の実　　　　種田山頭火

悩みごとを抱えながら、いくら考えてもいい答えが見つからないのはつらいものです。そんなときぱっと目に入った赤い実が、夜道に点る光明のように、沈んだ心を和ませたのかもしれません。

古く中国では南天燭《なんてんしょく》という名前で呼ばれていて、それが縮まって南天の名になったとか。燭という字には、炎を熾《とも》したように赤い実という意味が込められています。

色寂しい季節のさなかにもあざやかに目立つ赤い実を鳥がついばんでいくと、飛びたった先々で鳥のふんに種が混じり、各地に南天がひろまっていきます。そんな鳥や獣の目に、南天の実はいったいどんなふうに映っているのでしょう。

【南天】
実は晩秋から初冬に赤く熟します。メギ科ナンテン属。開花が梅雨と重なり、花粉が雨に流されると実がならないため、雨をよけて軒先に植えます。

【種田山頭火】
（たねだ さんとうか）
一八八二年〜一九四〇年。俳人。五七五にも季語にもとらわれない自由律俳句の代表的な俳人。

赤い木の実

竹久夢二

雪のふる日に小兎は
あかい木の実がたべたさに
親のねたまに山をいで
城の門まできはきたが
あかい木の実はみえもせず
路はわからず日はくれる
ながい廊下の窓のした
なにやら赤いものがある
そつとしのむできてみれば
二の姫君のかんざしの
珊瑚の珠のはづかしく
たべてよいやらわるいやら
兎はかなしくなりました。

【竹久夢二】
（189ページ）

子どもたちが雪うさぎをつくって遊ぶとき、ゆずりはの葉を耳に、南天の実をうさぎの目にしました。この詩に登場する小兎と赤い木の実の関係に、そんな雪遊びの情景が折り重なってくるようです。

南天という名前の音の響きは、難を転じる、にも通じることから、厄除けの縁起がいい木とされます。家の鬼門に植えるほか、正月飾りに用いたり、おせちの二の重を彩ったり。また、贈り物の赤飯の下に南天を敷くならわしがありますが、それは縁起物だからというだけでなく、南天の葉に解毒作用があるためです。

昔は、南天の実をせき止めの薬に用いたそう。煎じてお茶にしていたとか。ただ少量の毒を含んでいるので、摂り過ぎてはいけません。

雪やこんこと遊びまわっているうちに、もしもからだを冷やしてせきでも出てきたら、赤い木の実を煎じてお茶に。雪のふる日に小兎がたべたくなったという実は、冬に元気に外遊びする、子どものためにも赤く実ってくれるよう。

【ゆずりは】
春に若葉が出ると、去年までの葉が若葉に譲るように落ちることから、ゆずりはと。親から子へ代々続くという縁起物として、正月飾りにも。ユズリハ科。

水仙《すいせん》の夢《ゆめ》うつつ

真中の小さき黄色の盃に甘き香もれる水仙の花

木下利玄

白くつぶらにひらいた花のまんなかに、黄色い盃のようなもの（副花《ふくか》冠《かん》）を戴《いただ》いた水仙の花。

たとえば年始に訪れた先で出会うと、花のすがすがしさに新年を迎える心地がしみじみとします。その香りもさることながら、壁に掛かった一輪挿しなどから、つと伸びる姿に惹かれます。

春や初夏の花でいうと、百合やあやめなどにも近しい印象を覚えますが、しんと張りつめた冬の静けさのさなかに現われる水仙は、ひそやかさと清らかさがないまぜとなって、心の奥まで届いてくるような生命の息吹をたたえています。

そのつよい生命力は甘い香りと相まって、たとえ静かに咲いているだけであっても、花のたたずまいに秘め事めいた雰囲気が漂うようです。清純、という言葉では言い尽くせない水仙の魅力は、たとえば一休和尚の漢詩「美人陰有水仙花香」（美女のかくしどころは水仙の香り）などに詠われます。

【水仙】
雪のなかに咲くので、雪中華とも。開花時期は十一月〜三月ごろ。地中海地方原産。日本に自生するのはニホンズイセン。ヒガンバナ科。白や黄色の花を咲かせます。

【木下利玄】
（90ページ）

美人陰有水仙花香　　一休宗純

楚台応望更応攀　　楚台まさに望むべく　更にまさに攀《よ》づべし
半夜玉床愁夢顔　　半夜の玉床　愁夢の顔
花綻一茎梅樹下　　花はほころぶ　一茎の梅の樹の下
凌波仙子繞腰間　　凌波の仙子　腰の間をめぐる

美しい女性には一目会いたいし、本当のことを言えば、一夜をともにしたいものです。真夜中にそっと、美女の眠るベッドへ。私という梅の木の下で、やがてその女性は花がほころぶように、よろこびのただなかへ。そしてえもいわれぬ快楽が、私の身をかけめぐります。と自由奔放な一休さんらしい、エロスと清らかさとが同居したような性愛の一幕をのびやかに詠んだ詩です。

静かな冬のさなかに、爛漫の花の季節にある水仙を眺めていると、春の幻が見えてくるのでしょうか。あたかも冬を知らない桃源郷に咲くような水仙は、人の心に生命のよろこびを湧きたたせるかのよう。

【一休宗純】（いっきゅう そうじゅん）一三九四年〜一四八一年。室町時代の僧、詩人。『一休咄』で知られる、とんち好きの一休さんのモデルとなった人物。自由奔放で、戒律にとらわれない人物像が伝えられます。詩集に『狂雲集』『骸骨』など。

それでいて雪の野にたたずむさまは、幻の春と、現実の冬のはざまにたった一人で立つ孤独さを引き受ける姿に映ります。

水仙の香やこぼれても雪の上　　千代女

雪もまた幻想的なもの。その上に香りがこぼれるとは、美しい幻に包まれることであり、厳しい寒さにさらされることであり……。

水仙とは、水辺を好む仙人のような清らかな花という意味だそうです。また別名を金盞銀台《きんせんぎんだい》といって、銀の台の上に戴いた金の盃にたとえられ、七十二候でも立冬の末候に「金盞香《きんせんこうば》し」として登場します。

水仙の香りを、冬の楽しみとして感じているような季節の名前ですが、諦観を帯びた千代女の句と並べると、違いがくっきり見えてきます。

香りは心をはずませますが、やはり冬は冬、厳しさは厳しさ。では、もし雪もまた水仙の香りをよろこんでいるとしたら?　そのとき花と人の心と自然とが、命のよろこびをともに分かちあえるのかもしれません。

【千代女】
（１４７ページ）

【金盞香し】
水仙の花が咲き、香り漂うころという意味の季節。十一月半ば過ぎ。

福寿草《ふくじゅそう》のさきわい

鉢植えの蕾のものを買ってきて、今日だろうか、明日だろうかと咲くのを待ちわびる。そんなふうに福寿草を眺める楽しみは、あといくつ寝たらお正月が来るだろう、と待ちわびるわらべうたの心境と近いものがあります。

地面からすぐのところにころんとした蕾が伸び、やがて何枚もの黄色い花びらをひらいてみせてくれます。

咲くころが旧暦の正月と重なることから、おめでたい花という意味で、福寿草と名づけられました。元日草《がんじつそう》、賀正蘭《がしょうらん》など、正月にちなんだ別名が多々あります。

またアイヌの言葉で、クナウ・ノンノ（母の花）と呼ばれているそう。

正月の花として珍重されてきた福寿草は、江戸時代の後期には、園芸品種が盛んに育てられ、二百種以上もの珍しい花が咲いたそうです。たとえば花の色は黄色に限らず、白や赤、紅、花のかたちも花びらがぎざぎざのもの、八重咲きのもの……。

そんな福寿草ブームのさなか、江戸の歌人、橘曙覧は福寿草をこんなふうに歌っています。

【福寿草】
寒さに強い多年草で、雪解けの時期に茎を伸ばして花を咲かせます。開花時期はもともとは二月〜三月ごろ。花は朝にひらき、夕方に閉じます。キンポウゲ科。

正月《むつき》立つすなはち華のさきはひを受けて今歳《ことし》も笑ひあふ宿

橘曙覧

【橘曙覧】（22ページ）

正月になったと思ったら、すぐに福寿草の花の祝福を受けて、今年も家族で笑い合う家。素直なよろこびをほがらかに詠んだ歌は、橘曙覧ならではの歌風で、すとんと心に落ちてきます。ひねりや、たくらみを加えることなく、よろこびをよろこびとして詠んだ歌です。

歌に添えられた詞書《ことばがき》によると、息子が友人の家へ遊びに行った帰りに、福寿草をおみやげに買ってきて、それを机の上に置いて眺めて詠んだとあります。

幸せを詠むことは、こんなふうに単純素直なはずでありながら、けれどなぜか、そういう歌にさほど多く出会えるわけではありません。

橘曙覧の歌の快活さや、朗々とした言葉の調子は、その人柄から生まれているものです。生きることを心底受けとめて、よろこびを味わって初めて詠めるものなのかもしれません。ただただ家族で笑い合えるのがなによりなことで、花はそのきっかけです、というニュアンスが、「宿」

という語で歌を結んでいるところからそこはかとなく感じられるのも、歌の姿として愛おしいほどです。

また『万葉集』を愛する歌人らしく、大伴家持のこの歌に通じるよう。

正月《むつき》たつ春の初めにかくしつつ相し笑みてば時じけめやも

大伴家持

万葉集　巻十八・四一三七

【大伴家持】（46ページ）

（正月を迎えた春のはじまりに、こうして相集って笑い合っているのは、なんて新年らしいことでしょう）

春《はる》の七草《ななくさ》と若菜《わかな》摘《つ》み

せり

すずな

なずな

ほとけのざ

はこべら
すずしろ
ごぎょう

せり
なずな
ごぎょう
はこべら
ほとけのざ
すずな
すずしろ……

春の草のことなら
なんでも知ってる　春の土

はぎ
をばな
くず
おみなえし
ふじばかま

【せり】
香りのいい菜で、ビタミンA、B_2などを多く含みます。セリ科。七月～八月に傘状に白い小花を咲かせます。

【なずな】
三月～六月ごろ、白い小さな四弁花を咲かせます。アブラナ科。鉄分などが豊富。別名ぺんぺん草。

【ごぎょう】
タンパク質やミネラルが豊富。別名を母子草。四月～六月ごろ、茎の先に、黄色い小さな花をいくつも密に咲かせます。

【はこべら】
タンパク質やミネラルを多く含み、整腸作用があります。ナデシコ科。三月～九月に白い小さな花をつけます。

ききょう
なでしこ……
秋の草のことなら
なんでも知ってる　秋の土

わたしもなりたい
春秋をゆたかにかかえた
ふところの大きい土に

（新川和江「土へのオード13」より）

この詩の冒頭に並んでいる七種の草が、春の七草です。一月七日、七草の節句の日には、今年も健康でありますようにと願い、春の七草を粥《かゆ》に入れた七草粥をいただくならわしがあります。

前日の晩に、七草を包丁でとんとんとたたいて水に浸しておきます。それを七日の朝に、粥のなかへ。

【ほとけのざ】
胃腸を整えてくれる菜。三月～五月ごろ、小さなたんぽぽのような花を地面近くに咲かせます。キク科。別名たびらこ、こおにたびらこ。

【すずな】
蕪、かぶら。葉はビタミンA、C、カルシウム、鉄分等のミネラル豊富。アブラナ科。すずは青、なは菜の意味で、すずなとか。春に黄色い十字花を、花束のように総状に咲かせます。

【すずしろ】
大根。葉には、ビタミンC、カロテン、ビタミンB_1、B_2などが豊富。アブラナ科。根の白さから、清白《すずしろ》と。春になると、白や淡紫色の十字の四弁花をつけます。

おせちや雑煮、年末の忘年会から新年会、と続いてきて疲れている胃腸を、朝の粥はいたわってくれます。

ほっとひと息つきながら、春の菜をひとつひとつ味わっていると、苦みも甘みもじんわりと体にしみ込んでくるようです。

昔、若菜摘みというならわしがあって、旧暦一月の初子《はつね》の日に、野山へ出かけて菜を摘んだそうです。雪の下の地面から顔をのぞかせる草の芽を探して、それを愛でる古い慣習。春の兆しを見つけては、新たな生命のはじまりをよろこぶ行事だったのだろうと思います。

そんな古代の人の生活と、春の若菜も秋の草花もゆたかにかかえた、ふところの大きい土になりたいと願う詩の言葉を重ねてみたとき、若菜という旬の命と、土という普遍の命を前にして、ふるえるようなよろこびを感じる気持ちに、昔もいまもきっと変わりないのだろうな、と思わされます。

七草粥のならわしは、聖徳太子の時代、飛鳥時代まで遡るといいます。古代中国の隋から伝えられた歳時記に、一月七日は七種の菜の羹《あつもの》(若菜汁)をつくるとありました。日本でもそれを取り入れたのが、七草粥のはじ

【秋の七草】
はぎ、をばな(薄)、くず、おみなえし、ふじばかま、ききょう、なでしこ。これらの七種の秋の花を、秋の七草といいます。

【新川和江】
(しんかわ かずえ)
一九二九年〜。詩人。生命や愛、女性の生きる道など、生の根幹にかかわるテーマを、やわらかく深く表現する詩の書き手です。また吉原幸子とともに『現代詩 ラ・メール』を創刊し、八〇年代〜九〇年代にかけて女性詩人の活動を支えました。

まりとか。

さらに平安時代には、一月十五日に餅粥《もちがゆ》といって、米、粟《あわ》、黍《きび》、稗《ひえ》・みの・胡麻・小豆という七種類の穀物の粥をいただく行事があったそうです。

それから初子の日にも、粥をいただくしきたりがあったとも。

これはおそらく、という話ですが、鎌倉時代か南北朝時代あたりに、その十五日の餅粥や、初子の日の粥が、七日の羹と合わさって、七草粥になったのではと。

また、十五日の餅粥は、時代を経てだんだん小豆だけが具として残って、小正月にいただく小豆粥になったようです。

こうして見てみると、寒い冬の時期に、温かい羹や、収穫に感謝していただく餅粥、新しい季節の若菜をよろこぶ粥など、それぞれをいただく慣習は、体にもよいでしょうし、心がほっとほどけるような食事のように思えます。

そしてそれは、いまの時代にいただく七草粥にも通じるもの。

ちなみに春の七草にいうすずしろは、大根のことです。冬の野菜として大根は、さまざまな料理で大活躍してくれますが、あおあおとした葉が、七草粥のなかでも一役買っています。

流れ行く大根の葉の早さかな　　高浜虚子

ふと川を見やると、大根の葉が流れてきます。川上で大根を洗っている人がいるのかな、とそんななんということもない生活の一幕を詠んだ句です。しみじみと、いい句だなと感じ入ります。

小さなできごとに、ちょっと心が動かされる、その小ささ、ちょっとさをそのままに詠んだ句とは、人が自然とともに生きる心そのものです。

【高浜虚子】（161ページ）

野花の命
<small>のばな いのち</small>

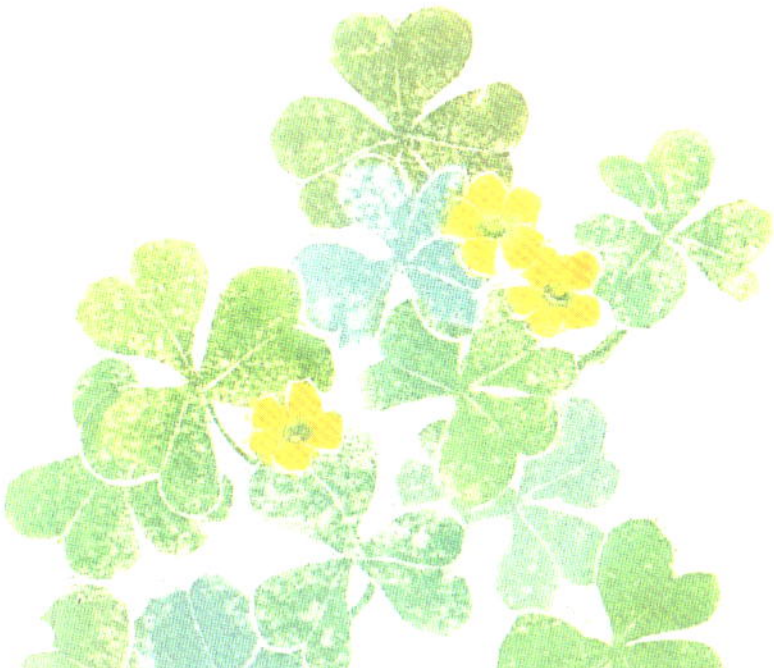

また春が訪れます。

あの年、目の前にあるもので、当たり前に存在するものなんてなにもないことを知りました。使い慣れたコップも、履き慣れた靴も、窓をあけたら入ってくるそよ風も。

目の前のなにもかもが、はかなく、移ろってゆく、とらえどころのないようなものに見えはじめたとき、視界のはしにちらと光が映りました。

それは、木陰の、幹の根もとの地面から、つぅっと伸びた細いものでした。よく見るとまっすぐな茎で、茎の先に点のような黄色い花が咲いていました。指先の爪ほどの小さな花でした。

あまりにも小さなその野花が、日のうまく当たらない日陰で数輪咲いているのに気づいたとき、なぜか目が離せなくなりました。ずっと、じっと、その花を見つめていました。

あとで調べてみると、おにたびらこ、という花でした。

春の七草のひとつに、たびらこがありますが、それよりも大きめだから、おにたびらこ。おにという言葉は、大きいという意味。

どうしてそんな、いままで気にもとめなかった野花、いえ、これまで

【おにたびらこ】

暖かい地方では一年を通して見かけられます。キク科。二十センチ〜、長いと一メートルほどの茎の先に、直径七、八ミリほどの小さなたんぽぽのような花をいくつも咲かせます。（1ページの絵）

なら雑草と思って見過ごしてきたものに、惹きつけられるのでしょう。ひとたび気になりだすと、視界に映るのは、おにたびらこだけではなくなりました。

地面にぺたんと張りついたような小さな緑の葉と、黄色い五枚の花びらをひろげる、かたばみ。花が散って、実をつけたころ、小さい花だと思って油断していると、ちょんちょんと子どもが実を指でつっついたりした途端に実から種が勢いよく弾け飛んでいきます。

歩道わきの石垣に群れて咲く、たちあわゆきせんだんぐさは、おいしい蜂蜜をくれる花。みつばちがおしりだけ見せて、白い花のなかへ顔をつっこんでいます。

当たり前のはずのものがかけがえないと知ったとき、これまで最も、あって当たり前だと気にもしていなかった野花に目がとまったのは、野花の命がそこここにあふれている世界こそ、これからも毎日続いていってほしい世界だと気づいたからです。

東北の遅い春を待ちわびる友人から送られてきた写真が、忘れられません。


【かたばみ】花の時期は、春から秋にかけて。実から種を弾き飛ばすことで、繁殖地をひろげます。カタバミ科。繁殖力の強さから、家が絶えないという縁起担ぎで、家紋に用いられました。(271ページの絵)

【たちあわゆきせんだんぐさ】黄色い筒状花のまわりを、白い花びらのような舌状花が囲む頭状花。キク科。サトウキビ畑に害をもたらす要注意外来生物である反面、沖縄の蜂蜜の蜜源になっています。

それは、朝露が光る茂みで、咲くときをいまかいまかと待っている、おおいぬのふぐりの青い蕾の写真でした。

詩人のまど・みちおさんは、野花に詳しく、庭に咲く小さな花の一輪一輪を眺めるのが好きだったと聞いたことがあります。

家族の誰かが庭の草むしりをしていて、咲いていた小花たちもうっかり一緒にむしってしまったとき、

「あれを抜いたのか」

と、まどさんにしては珍しく声を張り上げて怒ったそうです。

雑草なんかじゃない。あれは生き物なんだ、命なんだ、という思いをはっきりと、まどさんという詩人は持っていたのだと思います。

そしてもう一人、花の命をしっかと見つめて、手放そうとしない詩人がいました。第二次世界大戦が終わってから、寒い北のシベリアで何年も抑留されたあと、ふたたび日本に帰ってきた石原吉郎です。

【おおいぬのふぐり】
明治の半ばに渡来した帰化植物で、早春にコバルトブルーの四枚の花びらを持つ花を咲かせます。オオバコ科。名前の由来は、在来種のいぬのふぐり（絶滅危惧種）に似ていることから。（277ページの絵）

【まど・みちお】
（66ページ）

花であること

石原吉郎

花であることでしか
拮抗できない外部というものが
なければならぬ
花へおしかぶさる重みを
花のかたちのまま
おしかえす
そのとき花であることは
もはや　ひとつの宣言である
ひとつの花でしか
ありえぬ日々をこえて
花でしかついにありえぬために
花の周辺は適確にめざめ
花の輪郭は
鋼鉄のようでなければならぬ

【石原吉郎】（いしはら よしろう）一九一五年〜一九七七年。詩人。第一詩集『サンチョ・パンサの帰郷』でH氏賞を受賞。詩集に『禮節』『満月をしも』ほか。散文集に『望郷と海』など。

この詩を読んだとき、最初はバラの花を思い浮かべました。トゲを持ち、幾重にも華美な花びらを掲げた立派な花。

ですがあらためて向き合ってみると、この詩の花は、小さな黄色い、おにたびらこでもいいんじゃないか、草むらに隠れて咲く青いつぶらな、おおいぬのふぐりでも間違ってないんじゃないか、と思えてきます。

はかなげで、弱々しげで、吹けば飛んで消えそうな花。そんな野花が、野花としてあることをも込みで、この詩は花といっているんじゃないでしょうか。どんなはかない存在であれ、おしかぶさる重みを、そのはかない存在のままおしかえすこと。きっとそのとき、ひとつの命がひとつの命として生きられるんだと思います。当たり前のような顔をしながら、誰もが懸命にかけがえない日々を続けていけるんだと思います。

おわりに

この本では紹介できませんでしたが、好きな花がほかにもあります。

ひとつは、白木蓮《はくもくれん》です。日々に追われ、季節を忘れて忙しく働いていたころ、春の花というと梅よりも桜よりも、いつも通りがかる道の途中に咲いている白木蓮にはっとさせられていました。空に向かって、ふくよかな白い花を掲げるようにひらく姿に、ああ、もういまが春なんだ、と気づかされました。

それから、鳶尾《いちはつ》。あやめよりひと月ほど早く咲く、アヤメ科の仲間です。関東あたりでは四月ごろに開花するようですが、沖縄では一月下旬ごろから花ひらきます。びっくりするほど早いのですが、季節感というのは人があとから考えたもの。いつ咲こうとも、自然のさなかに生きる、花の自由です。

南北に伸びる、縦長のかたちをした島国では、桜前線ひとつを思っても、花の見頃は地方によってまちまちです。それがしぜんなありかたで、いつがどんな季節かというのは、春夏秋冬も二十四節気も七十二候も、ほんの目安のようなものという気がします。そのときそこに咲く花が、まさに季節そのものであることを、この本を書きながら、ずっと思ってきました。そう教えてくれたのが、南国に咲く鳶尾でした。

今回、花にまつわる詩歌をはじめ、さまざまな文学を引用し、ことに現代の詩歌にふれる機会に恵まれたのはとても幸せなことでした。そうした作品について書かせていただき、また全篇引用をも快く許諾してくださった方々に心よりお礼申し上げます。そして花の息吹さえもありありと伝えてくる、たくさんのすばらしい木版の挿画を手がけてくださった沙羅さん、植物たちのやわらかくのびやかなイメージを大切に装丁してくださった辻祥江さん、本づくりをここまで支え続けてくださった方に感謝いたします。

この本は私にとって、花と詩歌を題材にしつつ、個人的な思いを織り交ぜて綴った、初めての随筆集（と呼んでよいか定かではありませんが）です。読んでくださった皆様、どうもありがとうございます。

二〇一四年三月　　白井明大

参考文献

居初庫太『花の歳時記 カラー版』（淡交社）
荒垣秀雄・西山松之助・池坊専永・飯田龍太編『四季花ごよみ 草木花の歳時記』（講談社）
牧野富太郎『原色牧野植物大圖鑑』（ニュー・サイエンス社）
川口孫治郎『自然暦』（八坂書房）
田中修『雑草のはなし』（中公新書）
山田卓三『タンポポの観察実験』（ニュー・サイエンス社）
金子兜太監修『365日で味わう 美しい季語の花』（誠文堂新光社）
伊東ひとみ、千田春菜『恋する万葉植物』（光村推古書院）
白川静『新訂 字訓』（平凡社）
白川静『新訂 字統』（平凡社）
宮本常一『民間暦』（講談社学術文庫）
井手至・毛利正守『新校注 萬葉集』（和泉書院）
佐佐木信綱編『新訂 新訓万葉集』（岩波文庫）
次田真幸『古事記 全訳注』（講談社学術文庫）
植垣節也校注『新編 日本古典文学全集5 風土記』（小学館）
小町谷照彦訳注『古今和歌集』（ちくま学芸文庫）
池田亀鑑校訂『枕草子』（岩波文庫）
与謝野晶子訳『全訳源氏物語』（角川文庫）
佐伯梅友・村上治・小松登美『和泉式部集全釈［続集篇］』（笠間書院）
佐佐木信綱校訂『新訂 山家集』（岩波文庫）
樋口芳麻呂校注『新潮日本古典集成 金槐和歌集』（新潮社）
三野恵訳『完訳 源平盛衰記 三』（勉誠出版）
石井恭二訳『一休和尚大全』（河出書房新社）
萩原恭男校注『芭蕉 おくのほそ道』（岩波文庫）
浅見美智子編校『几董発句全集』（八木書店）
水島直文・橋本政宣編注『橘曙覧全歌集』（岩波文庫）
デュマ・フィス『椿姫』（新庄嘉章訳、新潮文庫）
村井紀編『明石海人歌集』（岩波文庫）
神西清編『北原白秋詩集』（新潮文庫）
木下利玄『定本木下利玄全集 歌集篇』（臨川書店）
島崎藤村『藤村全集 第十巻』（筑摩書房）
高村光太郎『智恵子抄』（新潮文庫）
竹久夢二『どんたく（愛蔵版詩集シリーズ）』（日本図書センター）
竹久夢二『竹久夢二文学館2』（日本図書センター）
種田山頭火『山頭火全句集』（春陽堂書店）
山村暮鳥『現代詩文庫 山村暮鳥詩集』（思潮社）
三好達治選『萩原朔太郎詩集』（岩波文庫）
三好達治『花筐』（青磁社）
天野慶『天野慶作品集 あこがれ／Longing』http://utanota.net/
飯田有子『林檎貫通式』（コンテンツワークス）
石垣りん『表札など』（童話屋）
石川美南『裏島』（本阿弥書店）
石原吉郎『サンチョ・パンサの帰郷』（思潮社）
金子光晴『若葉のうた』（勁草書房）
森岡貞香編『葛原妙子全歌集』（砂子屋書房）
久谷雉『ふたつの祝婚歌のあいだに書いた二十四の詩』（思潮社）
佐佐木信綱『常盤木』（竹柏会）
貞久秀紀『明示と暗示』（思潮社）

柴田白葉女『月の笛』（永田書房）
新川和江『現代詩文庫　新川和江詩集』（思潮社）
竹内敏喜『ＳＣＲＩＰＴ』（水仁舎）
俵万智、市橋織江『俵万智の子育て歌集 たんぽぽの日々』（小学館）
辻征夫『現代詩文庫 辻征夫詩集』（思潮社）
津村信夫『津村信夫詩集』（彌生書房）
萩原アツ編『萩原蘿月集 下巻』（大和書房）
細野晴臣・大瀧詠一・松本隆・鈴木茂監修『はっぴいえんどＢＯＸ』（エイベックスイオ）
前田康子『黄あやめの頃』（砂子屋書房）
伊藤英治編『まど・みちお全詩集〈新訂版〉』（理論社）
山之口貘『新編 山之口貘全集 第一巻』（思潮社）
茨木のり子『詩のこころを読む』（岩波ジュニア新書）
俵万智『短歌をよむ』（岩波新書）
永田和宏『近代秀歌』（岩波新書）
飯田龍太・稲畑汀子・金子兜太・沢木欣一監修『カラー版 新日本大歳時記（全5巻）』（講談社）
永田義直編『俳句歳時記』（金園社）
「新編国歌大観」編集委員会編『新編国歌大観 第九巻 私家集編Ｖ 歌集』（角川書店）
『現代日本文学大系 95 現代句集』（筑摩書房）
『白露』二〇〇五年七月号（白露社）
新村出編『広辞苑 第六版』（岩波書店）
季節の花３００　http://www.hana300.com/
ウィキペディア　https://ja.wikipedia.org/
新・増殖する俳句歳時記　http://zouhai.com/
日本文学電子図書館　http://www.j-texts.com/
沖縄県立図書館 貴重資料デジタル書庫　http://archive.library.pref.okinawa.jp/

索引

花の名前・別名

あ

アオバナ 165
アカサンショウバラ 101
秋田蕗 あきたふき 14
朝顔 あさがお 147〜151
朝貌 あさがお 183
紫陽花 あじさい 117〜123
馬酔木 あしび・あせび 33〜35
あづさい 118
厚物 あつもの 202
アブラナ 59
あやめ 111〜115・256
あやめ草 あやめぐさ 114
壱師の花 いちしのはな 199
銀杏 いちょう 226
糸芭蕉 いとばしょう 159
いぬのふぐり 274
茨 いばら 102・103・106
イロハカエデ 226
いろは紅葉 いろはもみじ 226
イングリッシュホーリー 239
ウシコロシ 34
ウツギ 105・107
うつろの木 うつろのき 105
卯の花 うのはな 105〜107
うばら 102・103
うまぶき 15
うまら 102
梅 うめ 17〜23・46・48・64・65・215・243・257
江戸菊 えどぎく 202
江戸彼岸系 えどひがんけい 63
おおいぬのふぐり 274・276
大賀蓮 おおがはす 140
大島桜 おおしまざくら 63
オオボウシバナ 165
オオマツヨイグサ 188
オオムラサキツツジ 84
otaksa 120
おにたびらこ 272・273・276
鬼蓮 おにばす 14
オニユリ 97
尾花 おばな 183・219・222・223・266・268
女郎花 おみなえし 183・266・268
万年青 おもと 155

か

楓 かえで 226
香草 かおりぐさ 209
輝血 かがち 169
かきつけばな 115
杜若 かきつばた 111・112・115
かきみ草 かきみぐさ 105
ガクアジサイ 117・119
賀正蘭 がしょうらん 260
片白草 かたしろぐさ 131
かたばみ 174・273
カノコユリ 98
蕪 かぶ 267
かぶら 267
萱 かや 219
韓藍 からあい 192
カラスビシャク 129
寒菊 かんぎく 201
カンサイタンポポ 71・72
元日草 がんじつそう 260
寒椿 かんつばき 38
カントウタンポポ 71・72
寒牡丹 かんぼたん 88
桔梗 ききょう 183〜185・267・268
菊 きく 201〜207
きちこう（きちかう） 184
金盞銀台 きんせんぎんだい 258
キンモクセイ 238
クサアジサイ 123
クナウ・ノンノ 260
葛 くず 183・266・268
紅の花 くれないのはな 133
鶏頭 けいとう 191〜193・195
毛桃 けもも 45
牽牛花 けんぎゅうか 150
牽牛子 けんごし 150

コウカ 127
楮 こうぞ 153
紅梅 こうばい 17
こおにたびらこ 267
コオニユリ 97
ごぎょう 265・266
古代蓮 こだいはす 140
木の花 このはな 19
こぶし 55〜57
コメシバ 34

さ

鷺草 さぎそう 161〜163
サクユリ 98
桜 さくら 20・46・48・63〜69・91・226・228・243
ササユリ 98
山茶花 さざんか 232・234〜236
シークヮーサー 245
シシクワズ 34
死人花 しびとばな 198
石楠 しゃくなげ 86
上海水蜜桃 しゃんはいすいみつとう 45
秋菊 しゅうぎく 201
春菊 しゅんぎく 201
菖蒲 しょうぶ 113・114
シロヤマブキ 79
沈丁花 じんちょうげ 25〜31
睡香 すいこう 30
瑞香 ずいこう 30
水晶花 すいしょうばな 105
水仙 すいせん 255〜258
睡蓮 すいれん 143
末摘花 すえつむはな 134・136
スカシユリ 98
薄 すすき 183・219〜223・268
すずしろ 265〜267・269
すずな 264・266・267
菫 すみれ 51〜53
セイヨウアジサイ 119
セイヨウタンポポ 71・72
セイヨウツツジ 84
セイヨウヒイラギ 239
セイヨウマツムシソウ 181
雪中華 せっちゅうか 256
せり 263・266
千里花 せんりばな 25
染井吉野 そめいよしの 63・68

た

大根 だいこん 267・269・270
棣棠花 たいどうか 79
田植桜 たうえざくら 56
田打桜 たうちざくら 56
タカオモミジ 226
たちあわゆきせんだんぐさ 273
橘 たちばな 241〜245
田菜 たな 75
七夕百合 たなばたゆり 98
種蒔桜 たねまきざくら 56
たびらこ 267・272
タラクサクム 72
ダンドリオン 75
たんぽぽ 60・71〜77・267・272
チョウチンバナ 34
苧麻 ちょま 173
月草・着き草 つきくさ 165
月見草 つきみそう 187・188
つつじ 82・84〜86
鼓草 つづみぐさ 75
椿 つばき 34〜36・38〜42・85・235
つまぐれ 174
つまくれない 174
つまぐろ 174
露草 つゆくさ 165〜167・192
ティナ 143
てぃんさぐ 175
丁婆婆 てぃんぽぽ 75
テッポウユリ 97
ドクシバ 34
トゲナシベニバナ 133
土用百合 どようゆり 98

な

なずな 264・266
菜種 なたね 59
夏菊 なつぎく 201
瞿麦 なでしこ 183・267・268
七草 ななくさ 52・211・213・222・263・267〜270・272
七変化 ななへんげ 118
菜の花 なのはな 59〜61
楢 なら 226
南天 なんてん 250・252・254
南天燭 なんてんしょく 252
苦菜 にがな 72
ニッポンタチバナ 242
ニホンズイセン 256
ねぶ 125
合歓木 ねむのき 125〜127
野茨 のいばら 101〜103・106・247
野菊 のぎく 207
野田藤 のだふじ 93・94
ノハナショウブ 112
野薔薇 のばら 101

は

萩 はぎ 183・213〜217・266・268
白桃 はくとう 45
白梅 はくばい 17・21
はこべら 265・266

芭蕉 ばしょう 157~159
蓮 はす 139~143
櫨 はぜ 226
バッケ 14
花あやめ はなあやめ 111・113・114
花菖蒲 はなしょうぶ 111・112
縹草 はなだぐさ 166
バナナ 159
花の兄 はなのあに 18
花芭蕉 はなばしょう 159
母子草 ははこぐさ 266
母の花 ははのはな 260
浜万年青 はまおもと 155
浜木綿 はまゆう 153~155
はみずはなみず 198
葉守り はもり 33・34
バラ 79・101・247~249・276
春告草 はるつげぐさ 18・19
春牡丹 はるぼたん 88
半夏 はんげ 129~131
半夏生草 はんげしょうそう 131
パンジー 51
柊 ひいらぎ 237~240
ヒガンノキ 34
彼岸花 ひがんばな 197~199
一重山吹 ひとえやまぶき 79
姫芭蕉 ひめばしょう 159
ヒャクショウナカセ 130
百花の王 ひゃっかのおう 88・91
フウ 226
富貴草 ふうきぐさ 90
ふかみぐさ 89
蕗 ふき 13~15
ふきのとう 13~15
福寿草 ふくじゅそう 259~261
藤 ふじ 93~95
藤袴 ふじばかま 183・209~211・266・268
ふぶき 14
冬薔薇 ふゆそうび 247~249
冬椿 ふゆつばき 38
冬牡丹 ふゆぼたん 88
芙蓉 ふよう 142
ヘソクリ 130
紅額 べにがく 118
紅花 べにばな 133~137・175
ぺんぺん草 ぺんぺんぐさ 266
鳳仙花 ほうせんか 173~175
ほおずき 169~171
牧童の時計 ぼくどうのとけい 71
細管 ほそくだ 202
牡丹 ぼたん 87~91
ほとけのざ 264・266・267
ホンアジサイ 117・119

ま

松 まつ 20
松虫草 まつむしそう 179~181
マツヨイグサ 188
曼珠沙華 まんじゅしゃげ 197
みかん 245
みずふぶき 14
実芭蕉 みばしょう 159
ムギメシバナ 34
ムサ・バルビシアナ 159
木蓮 もくれん 55
紅葉 もみじ 106・122・225~231・234
黄葉 もみじ 226
もみち 227・228
もみち葉 もみちば 227・228
桃 もも 22・43~48

や

ヤエウツギ 105
八重山吹 やえやまぶき 79
ヤブツバキ 38・39
ヤマアジサイ 118
山桜 やまざくら 63~65・68・69
山つつじ やまつつじ 84
山萩 やまはぎ 213・214
山吹 やまぶき 78~81・221
山藤 やまふじ 93・94
山振 やまぶり 79・80
山木蓮 やまもくれん 55
ヤマユリ 97
山ゆり草 やまゆりそう 99
幽霊花 ゆうれいばな 198
雪見草 ゆきみぐさ 105
ゆずりは 254
百合 ゆり 97~99・256

ら

琉球芭蕉 りゅうきゅうばしょう 159
琉球百合 りゅうきゅうゆり 97
蓮華 れんげ 141
レンゲツツジ 84

わ

ワイルドローズ 101

植物用語

あ

浮き葉 うきは 142・143
おしべ 72・79・112・113・119・125・
雄花 おばな 13・158

か

外花被片 がいかひへん 112
外総苞 がいそうほうへん 72
萼 がく 25・97・117・119・123・169・171

花茎　かけい　13・112・153・157・158・197
花軸　かじく　129・130・192
花序　かじょ　117
花穂　かすい　192・222
花托　かたく　142
花柱　かちゅう　112・113
花弁　かべん　25・97・98・153・161・197・214・222
荷葉　かよう　142
冠毛　かんもう　75
偽茎　ぎけい　153・157
旗弁　きべん　214
球茎　きゅうけい　130
距　きょ　162

さ

核　さね　20・22・23
蕊　しべ　197
舟弁　しゅうべん　214
唇弁　しんべん　161・162
舌状花　ぜつじょうか　71・179・202・207・273
装飾花　そうしょくか　117・119・123
総包　そうほう　134

た

立ち葉　たちは　142・143
多年生　たねんせい　197
多年性　たねんせい　157
多年草　たねんそう　260
地下茎　ちかけい　14・142・223
蝶形花冠　ちょうけいかかん　214
手まり咲き　てまりざき　117
頭状花　とうじょうか　14・71・179・201・202・207・273
筒状花　とうじょうか　134・273

な

内花被片　ないかひへん　112
肉穂花序　にくすいかじょ　130

は

副花冠　ふくかかん　256
苞　ほう　129・157〜159

ま

真花　まはな　117・119
蜜だまり　みつだまり　51
めしべ　72・79・112・119・214・222・244
雌花　めばな　13・158

や

葉鞘　ようしょう　157
葉柄　ようへい　14
翼弁　よくべん　214

ら

鱗茎　りんけい　97・197・198

人物名

あ

明石海人　あかしかいじん　217
敦道親王　あつみちしんのう　80
天野慶　あまのけい　185
菖蒲前　あやめのまえ　111・112
阿波野青畝　あわのせいほ　216
飯田有子　いいだありこ　248
飯田蛇笏　いいだだこつ　85・131・206・207
飯田龍太　いいだりゅうた　131
イザナギノミコト　45
石垣りん　いしがきりん　204・206
石川美南　いしかわみな　42
石田波郷　いしだはきょう　151
石原吉郎　いしはらよしろう　274・275
イスケヨリヒメ　98・99
和泉式部　いずみしきぶ　80・81
一休宗純　いっきゅうそうじゅん　256・257
大賀一郎　おおがいちろう　140
大国主　おおくにぬし　46・99
大伯皇女　おおくのひめみこ　35
大瀧詠一　おおたきえいいち　26
大津皇子　おおつのみこ　35
大舎人部千文　おおとねりべのちふみ　99
大伴池主　おおとものいけぬし　65・66
大伴坂上郎女　おおとものさかのうえのいらつめ　213・215
大伴旅人　おおとものたびと　18
大伴家持　おおとものやかもち　46・66・213・215・262
太朝臣安万侶　おおのあそみやすまろ　98
大物主　おおものぬし　99
折口信夫　おりくちしのぶ　65

か

加賀千代女　かがのちよじょ　147
柿本人麻呂　かきのもとひとまろ　52・154・199
郭熙　かくき　80
春日蔵首老　かすがのくらびとおゆ　38・39
葛城王　かつらぎのおおきみ　243
加藤楸邨　かとうしゅうそん　91
金子兜太　かねことうた　137
金子光晴　かねこみつはる　26・27
加納諸平　かのうもろひら　103
河合曾良　かわいそら　105・106
川崎洋　かわさきひろし　76・77
河東碧梧桐　かわひがしへきごとう　39
北原白秋　きたはらはくしゅう　173〜175
木下利玄　きのしたりげん　90・256
紀貫之　きのつらゆき　19・209・210
紀友則　きのとものり　184
空海　くうかい　89

葛原妙子　くずはらたえこ　29
久谷雉　くたにきじ　240
久米女王　くめのおおきみ　228
景行天皇　けいこうてんのう　38
小池光　こいけひかる　123
孝謙天皇　こうけんてんのう　46
木花之開耶姫　このはなのさくやひめ　64
小林一茶　こばやしいっさ　60・141

■さ■
西行　さいぎょう　68
斎藤茂吉　さいとうもきち　192
佐佐木信綱　ささきのぶつな　28・90
貞久秀紀　さだひさひでみち　53・220
シーボルト　98・120
志賀直哉　しがなおや　90
シタテルヒメ　46
柴田白葉女　しばたはくようじょ　56
島崎藤村　しまざきとうそん　170
聖徳太子　しょうとくたいし　268
聖武天皇　しょうむてんのう　52・79・243
新川和江　しんかわかずえ　267・268
神武天皇　じんむてんのう　98・99
垂仁天皇　すいにんてんのう　243
菅原道真　すがわらのみちざね　20・203
杉田久女　すぎたひさじょ　159
鈴木茂　すずきしげる　26
西王母　せいおうぼ　45
清少納言　せいしょうなごん　44・45・89・93・94

■た■
高井几董　たかいきとう　223
高野素十　たかのすじゅう　44・238
高浜虚子　たかはまきょし　39・85・159・161・167・192・206・216・270
高村光太郎　たかむらこうたろう　249
高村智恵子　たかむらちえこ　249
宝井其角　たからいきかく　23
竹内敏喜　たけうちとしき　149
高市黒人　たけちのくろひと　223
竹久夢二　たけひさゆめじ　189・253
橘曙覧　たちばなのあけみ　22・260・261
橘奈良麻呂　たちばなのならまろ　228
橘諸兄　たちばなのもろえ　79・120・228・243
立原道造　たちはらみちぞう　40・86
タヂマモリ　242
種田山頭火　たねださんとうか　252
俵万智　たわらまち　74
千代女　ちよじょ　147・258
辻征夫　つじゆきお　31
津村信夫　つむらのぶお　40
デュマ・フィス　40
天武天皇　てんむてんのう　35
常磐姫　ときわひめ　163
鳥羽院　とばいん　111・112
富田木歩　とみたもっぽ　113
富安風生　とみやすふうせい　167

■な■
中沢文次郎　なかざわぶんじろう　180
能因法師　のういんほうし　106

■は■
萩原アイ　はぎわらあい　57
萩原朔太郎　はぎわらさくたろう　57・61・122
萩原蘿月　はぎわららげつ　206・207
白居易　はくきょい　89
白楽天　はくらくてん　89
丈部鳥　はせつかべのとり　102
服部嵐雪　はっとりらんせつ　23
廣瀬直人　ひろせなおと　131
藤原氏　ふじわらし　93
武帝　ぶてい　45
細野晴臣　ほそのはるおみ　26

■ま■
前田康子　まえだやすこ　121
正岡子規　まさおかしき　22・39・95・161・184・185・191～195
松尾芭蕉　まつおばしょう　23・60・105・106・135・158・206・216
松本清張　まつもとせいちょう　159
松本隆　まつもとたかし　26
まど・みちお　66・274
丸山薫　まるやまかおる　40
水原秋櫻子　みずはらしゅうおうし　33・151・167
源実朝　みなもとのさねとも　215
源頼政　みなもとのよりまさ　106・111～113
三宅連　みやけのむらじ　242
三好達治　みよしたつじ　57・236
武者小路実篤　むしゃのこうじさねあつ　90
紫式部　むらさきしきぶ　89
室生犀星　むろうさいせい　40・61

■や■
山口誓子　やまぐちせいし　141・170
ヤマトタケル　38
山上憶良　やまのうえのおくら　183
山之口貘　やまのくちばく　46・47
山部赤人　やまべのあかひと　51・52
山村暮鳥　やまむらぼちょう　61
与謝野晶子　よさのあきこ　210・230
与謝蕪村　よさぶそん　60・91・223
吉原幸子　よしはらさちこ　268

■わ■
渡辺水巴　わたなべすいは　52
王仁　わに　19

季節や風物など

■あ
菖蒲華さく　あやめはなさく　113
黄鶯睍睆く　うぐいすなく　18
卯月　うづき　105
卯の花腐し　うのはなくたし　107
梅田椎麦　うめたしいむぎ　23
梅花乃芳し　うめのはなかんばし　18・19
梅子黄なり　うめのみきなり　21
落椿　おちつばき　39・41
朧月夜　おぼろづきよ　60

■か
寒露　かんろ　201
喜雨　きう　21
如月　きさらぎ　68
菊花開く　きっかひらく　201
金盞香し　きんせんこうばし　258
啓蟄　けいちつ　45
夏至　げし　113・129・130・147
穀雨　こくう　88
小春日和　こはるびより　223

■さ
早乙女　さおとめ　64・114
桜始めて開く　さくらはじめてひらく　68
皐月　さつき　64
早苗　さなえ　64
五月雨　さみだれ　112
時雨　しぐれ　227～229・234
霎時施す　しぐれときどきほどこす　227
十五夜　じゅうごや　189
春分　しゅんぶん　68
小暑　しょうしょ　143
小雪　しょうせつ　244
小満　しょうまん　108・135
菫摘み　すみれつみ　52
節分　せつぶん　238・239
霜降　そうこう　227

■た
大寒　だいかん　14・30・239
橘始めて黄なり　たちばなはじめてきなり　244
七夕　たなばた　126・127・150
端午　たんご　113
茅の輪　ちのわ　221
仲春　ちゅうしゅん　44
重陽　ちょうよう　201
山茶始めて開く　つばきはじめてひらく　235
梅雨　つゆ　21・23・107・111～113・117・121・123・136・143・252
釣瓶落とし　つるべおとし　219
冬至　とうじ　23
踏青　とうせい　44

■は
蓮始めて開く　はすはじめてひらく　143
八十八夜　はちじゅうはちや　127
八朔　はっさく　127
花妻　はなづま　97・99
春隣り　はるどなり　13
半夏雨　はんげあめ　131
半夏生　はんげしょう　129～131
半夏生ず　はんげしょうず　130・135
款冬華さく　ふきのとうはなさく　14
藤波　ふじなみ　93
紅花栄う　べにばなさかう　135
芒種　ぼうしゅ　21
ほおずき市　ほうずきいち　171
牡丹華さく　ぼたんはなさく　88

■ま
待宵　まつよい　189
楓蔦黄なり　もみじつたきなり　227
桃始めて笑う　ももはじめてわらう　44・45

■や
焼き嗅がし　やきかがし　239
山滴る　やましたたる　80
山笑う　やまわらう　80
余寒　よかん　17・19

■ら
立秋　りっしゅう　148
立春　りっしゅん　18・19・21・239
立冬　りっとう　234・244・258

■わ
若菜摘み　わかなつみ　52・263・268

＊詩歌の引用について
一部原典にはないふりがなをふったもの、
現代仮名遣いにしたものがあります。

文・白井明大　しらい あけひろ
詩人。１９７０年東京生まれ。現在は沖縄在住。日々の暮らしのささやかなできごとを詩にする。詩集『心を縫う』（詩学社、２００４年）、『くさまくら』（花神社、２００７年）、『歌』（思潮社、２０１０年）、『島ぬ恋』（私家版、２０１２年）。著書に『日本の七十二候を楽しむ―旧暦のある暮らし―』（絵・有賀一広、東邦出版、２０１２年）、『暮らしのならわし十二か月』（同、飛鳥新社、２０１４年）、共著に『サルビア手づくり通信』（アスペクト、２００８年）。

絵・沙羅　さら
木版画家。展覧会での作品発表のほか、書籍や雑誌などの挿画を手がける。著書『週末ものづくりの本１ 木版画でかわいい雑貨』（美術出版社、２０１０年）。挿画『うさぎ がきいた おと』（かみじまあきこ著・美篶堂ギャラリー、２０１０年）、『青い鳥の本』（石井ゆかり著、パイインターナショナル、２０１１年）、『薔薇色の鳥の本』（同、２０１２年）『金色の鳥の本』（同、２０１３年）。

季節《きせつ》を知《し》らせる花《はな》

2014年5月20日　1版1刷　印刷
2014年5月30日　1版1刷　発行

文　白井明大
絵　沙羅
装丁　辻祥江（ea）
発行者　野澤伸平
発行所　株式会社山川出版社
〒101-0047
東京都千代田区内神田1-13-13
電話　03（3293）8131（営業）
03（3293）1802（編集）
振替　00120-9-43993
企画・編集　山川図書出版株式会社
印刷　株式会社東京印書館（製版：髙柳昇）
製本　株式会社ブロケード
Akehiro Shirai 2014 Printed in Japan ISBN978-4-634-15057-7